高等职业教育建筑工程技术专业系列教材

总主编 /李 辉
执行总主编 /吴明军

# 装配式建筑概论

**主 编** 刘学军 詹雷颖 班志鹏
**副主编** 陶伯雄
**参 编** 代端明 谢 华

重庆大学出版社

## 内容提要

本书根据国家培养高素质技术技能人才的要求,依据与装配式建筑有关的现行规范和规程编写而成,教材内容以"必需、实用"为原则,重点强调直观性和易懂性。本书主要内容包括装配式建筑概念、装配式木结构、装配式钢结构、装配式混凝土结构。

本书可作为应用型本科、高职高专土建类专业教材,也可作为相关专业继续教育用书。

**图书在版编目(CIP)数据**

装配式建筑概论 / 刘学军,詹雷颖,班志鹏主编

. -- 重庆:重庆大学出版社,2020.9(2022.1 重印)

高等职业教育建筑工程技术专业系列教材

ISBN 978-7-5689-2349-1

Ⅰ. ①装… Ⅱ. ①刘… ②詹… ③班… Ⅲ. ①装配式构件—高等职业教育—教材 Ⅳ. ①TU3

中国版本图书馆 CIP 数据核字(2020)第 135097 号

高等职业教育建筑工程技术专业系列教材

### 装配式建筑概论

主 编 刘学军 詹雷颖 班志鹏

副主编 陶伯雄

策划编辑:范春青 刘颖果

责任编辑:范春青 版式设计:范春青

责任校对:谢 芳 责任印制:赵 晟

\*

重庆大学出版社出版发行

出版人:饶帮华

社址:重庆市沙坪坝区大学城西路 21 号

邮编:401331

电话:(023)88617190 88617185(中小学)

传真:(023)88617186 88617166

网址:http://www.cqup.com.cn

邮箱:fxk@cqup.com.cn(营销中心)

全国新华书店经销

重庆长虹印务有限公司印刷

\*

开本:787mm×1092mm 1/16 印张:9.75 字数:245 千

2020 年 9 月第 1 版 2022 年 1 月第 2 次印刷

印数:2 001—5 000

ISBN 978-7-5689-2349-1 定价:49.00元

# 前言
## FOREWORD

  装配式建筑在木结构方面起步较早。1 000多年前,世界上就开始采用木结构;20世纪初,装配式混凝土结构和装配式钢结构在发达国家开始起步,20世纪60年代逐渐在欧美国家加速发展。由于装配式建筑建造工期短、绿色环保,目前已经在世界各地推广。自2015年以来,我国有关装配式建筑的政策和规划密集出台,国家鼓励和支持发展装配式建筑。

  目前,无论本科还是高职,与装配式建筑相关的教材都相对较少。目前我国在装配式建筑领域逐渐兴起,为了适应当前及未来建筑业改革和发展的要求,在建筑类相关专业开设装配式建筑课程显得尤为重要。装配式建筑涉及的内容广泛,结构形式复杂,理论知识和实践技术广泛而深入,包括各类装配式建筑的力学分析计算、建筑材料性能、加工生产技术、施工操作方法、质量控制、安全管理等。在教材的规划方面,应该既有全局性的概论性教材,也要有按照装配式建筑的类型分别讲解的教材。对每类装配式建筑结构,按照工作过程编写教学内容,既能全面了解装配式建筑的整体性知识,又能深入学习装配式建筑的细节和技能。

  "装配式建筑概论"是一门知识性和实践性较强的课程,教师应根据学生的接受程度及思维认知规律,由浅入深,对装配式建筑进行全方位的简要介绍,带领学生从对装配式建筑不了解的跟学状态转变到独立学习和思考状态,促进学生理解和掌握装配式建筑整体性知识,把抽象知识转化为真实的专业技能。

  本教材的特色主要有以下三个方面:

  第一,全面性。对装配式建筑主要的和常用的知识与技能进行简要介绍,主要涉及装配式建筑概念、装配式建筑中外发展历程、装配式建筑产业的政策与基地、木结构应用范围、木结构的结构体系、木结构基本施工方法、木结构施工质量控制、钢结构的结构体系、钢结构应用范围、钢结构基本施工方法、钢结构施工质量控制、装配式混凝土结构的结构体系与应用范围、装配式混凝土结构生产、装配式混凝土结构吊装与安装、装配式混凝土结构灌浆与现浇、装配式混凝土结构施工质量控制。

第二，易教易学性。职业教育的特点是避免烦琐的文字描述，重视简练的步骤，特别是尽可能采用图片与文字相呼应的方式，以达到教师易教、学生易学的效果。

第三，工程适用性。本书介绍的内容均是装配式建筑领域常见的基本知识与基本技能，可为学生未来的实际工作储备相关的知识素养。

本教材由广西建设职业技术学院刘学军、詹雷颖、班志鹏任主编，陶伯雄任副主编，代端明、谢华参与编写。全书由刘学军统稿和审定。

由于编者水平有限，书中难免存在不足之处，恳请读者与同行批评指正。

编　者

2020.1

# 目录
## CONTENTS

## 参考文献

# 1

装配式建筑概述

**本章导读**

本章内容包括装配式建筑概念、装配式建筑中外发展历程、装配式建筑产业的政策与基地。学习要求:掌握装配式建筑中各种不同结构类型的基本含义,了解国内外装配式建筑的发展历程和现状,熟悉国家与本地区关于装配式建筑的政策。其中,装配式建筑材料性能是重点,装配式建筑的结构组成是难点。

# 1.1 装配式建筑概念

装配式建筑包括装配式钢结构建筑、装配式混凝土结构建筑和装配式木结构建筑。装配式钢结构建筑是指用钢结构构件在工地装配而成的建筑;装配式混凝土结构建筑是指用混凝土预制结构构件在工地装配而成的建筑;装配式木结构建筑是指用木结构构件在工地装配而成的建筑。装配式建筑的优点是建造速度快,受气候条件制约小,节约劳动力并可提高建筑质量。

随着现代工业技术的发展,建造房屋可以像机器生产那样成批成套地制造,只要预先在工厂做好房屋构件,运到工地装配起来就组建成了房屋。

钢材的塑性、韧性好,可有较大变形,能很好地承受动力荷载;钢材的匀质性和各向同性好,属理想弹性体,最符合一般工程力学的基本假定。装配式钢结构工业化程度高,可预先在工厂进行机械化程度高的专业化生产且建筑工期短;装配式钢结构常用于建造大跨度和超高、超重型的建筑物。装配式钢结构建筑实例如图 1.1—图 1.4 所示。

图 1.1　装配式钢结构房屋

图 1.2　装配式钢结构航站楼

装配式混凝土结构与常规的现浇混凝土结构不同,现浇混凝土结构必须在工地现场完成支模、绑扎钢筋、浇筑混凝土、养护、拆除模板等工艺,而装配式混凝土结构是在工厂生产钢筋混凝土预制构件,在工地现场组装的方式来建造建筑物。装配式混凝土结构建筑可以分为部分装配建筑、全装配建筑两类。部分装配建筑的主要构件一般采用预制构件,在现场通过现浇混凝土连接,形成装配整体式结构的建筑物。全装配建筑是指建筑的构件和配件全部采用工厂制作、现场组装的方式形成的建筑。以前全装配建筑一般为低层或抗震设防要求较低的多层建筑,现在高层剪力墙也开始采用全装配建筑。装配式混凝土结构的优点主要有:标准化设计,工厂化生产,工人数量减少,劳动强度降低,工期短,施工受气象因素影响小,物料损耗和能源消耗低,建筑垃圾减少,保护环境,工程质量容易保证,工程事故率低。建筑产业现代化推动原有的现浇混凝土建筑向绿色、低碳、节能减排、循环利用等发展方式转变和升级。装配式混凝土结构实例如图1.5—图1.8所示。

图1.3　装配式钢结构演艺中心

图1.4　装配式钢结构桥梁

图1.5　装配式混凝土构件制作

图1.6　装配式混凝土构件堆放

图1.7　装配式混凝土构件吊装(一)

图1.8　装配式混凝土构件吊装(二)

装配式木结构建筑自古就有,常用于宫殿、桥梁、宗庙、祠堂和塔架等;现代木结构主要用于园林景观和人文景观建筑。木结构取材容易,加工、制作与安装简便,天然材质更具亲和力,木结构房屋居住舒适且更环保。装配式木结构的主要结构体系是由木柱与木梁组合而成的排架。木材的受压、受拉和受弯性能较好,因此木结构具有较好的塑性和抗震性能,但要注意防潮湿、防火、防腐蚀、防蛀虫和白蚁等。装配式木结构建筑实例如图1.9和图1.10所示。

图1.9  装配式木结构房屋　　　　　　　图1.10  装配式木结构景观亭

## 1.2　装配式建筑中外发展历程

从年代而言,装配式木结构发展最早,装配式混凝土结构和装配式钢结构起步较迟。后两者的起步和发展基本上处于同时期,起步于现代,发展于当代。

### 1.2.1　装配式木结构发展历程

我国在公元前200年左右的汉代,木结构体系有了初步发展,结构以抬梁式和穿斗式为主。从隋代开始,经历唐代到宋代,木结构逐步发展为标准化、程式化和模数化。特别是宋代编纂的《营造法式》,总结出木结构设计原则、加工标准、施工规范等,使木结构建造技艺上了一个较大的台阶。木结构技术在元代出现了"减柱法",工匠大胆地抽去若干柱子,并用弯曲的木料作梁架构件。明代、清代为了进一步节省木材,木结构建造技艺又有了新发展,明代《鲁班营造正式》和清代工部《工程做法则例》是对新的木结构建造技艺的总结。

西欧在5世纪开始使用木结构屋架。15世纪英国改进原有的木屋架及桁架结构,加强了构架的刚性,大大增加了其使用跨度。16世纪,德国和英国中产阶级的住宅以木结构为主。17世纪,法国的古典宫殿大多采用木结构。19世纪,木材丰富的国家(如芬兰)大量营造各类木结构建筑物。

从20世纪70年代至今,木结构在世界各国发展较快,特别是在欧洲、北美洲和日本等发达国家,木结构的研究与应用得到了较为充分的发展。木结构在北美洲占据房屋住宅较大市场,加拿大在木结构住宅产业中推行标准化、工业化,其配套安装技术很成熟。我国近年来日益重视节能减排,对先进的木结构产品及技术也开始重视,越来越关注木结构建筑在我国的应用。

根据各种木材及结构的性能,现代木结构主要分为轻型木结构、重型木结构、混合型木结构三种。轻型木结构主要用于低层的住宅、学校、会所和景观建筑,由小型横截面木料装配成超静定框架或者桁架结构,也可用于高层建筑的内部非承重木隔墙、平改坡等;重型木结构主要用于大型商业建筑或公共建筑,由大型断面原木作为结构材料装配成超静定桁架或者框架结构;混合型木结构可以用在多层建筑中,其底层用混凝土或砖石建造,上部采用木结构。

### 1.2.2　装配式混凝土结构与装配式钢结构的发展历程

美国国会在 1976 年通过了国家工业化住宅建造及安全法案以及严格的行业规范和标准,从此装配式混凝土结构与装配式钢结构住宅在美国开始广泛流行。21 世纪初,美国和加拿大的大城市新建住宅的结构类型以装配式混凝土和装配式钢结构为主,用户可通过标准化、系列化、专业化的产品目录订购住宅用构件和部品,通过电气自动化和机械化实现构件生产的商品化和社会化。

德国在"二战"后开始推行多层装配式住宅,并于 20 世纪 70 年代广泛流行。从开始采用普通的混凝土叠合板、装配式剪力墙结构到近年的零能耗被动式装配建筑,德国形成了强大的混凝土结构装配式建筑产业链,其新建别墅等建筑基本为全装配式钢结构形式。

新加坡自 20 世纪 80 年代以来,为了解决人多地少以及环保节能问题,全国 80% 的住宅采用装配式混凝土结构建造,住宅高度大部分在 15～30 层。通过单元化布局,达到标准化设计、流水线生产、工业化施工的要求。装配率达到 70%。

我国的装配式混凝土构件在 20 世纪五六十年代起步,当时主要是简单的预制楼板;20 世纪 80 年代后期突然停滞,2010 年左右又重新兴起,并且开始向装配式混凝土建筑体系发展。目前,装配式混凝土剪力墙体系基本成熟并广泛应用于实际工程,其他体系正在研究和推广过程中。截至 2019 年 9 月,全国已有近 40 个装配式混凝土建筑示范城市,200 多个装配式混凝土建筑产业基地,400 多个装配式混凝土建筑示范工程,近 30 个装配式混凝土建筑科技创新基地。

我国装配式钢结构的发展可以分为 4 个阶段:

①20 世纪五六十年代的兴起时期。这个时期借助苏联的技术和援助,我国新建了大批钢结构厂房,培养了一批钢结构技术队伍——他们在钢结构设计、制造和安装方面逐渐成为技术骨干。

②20 世纪 70 年代的低潮时期。这个时期由于多方面的原因,钢结构的科研、设计、施工基本停滞不前。

③20 世纪八九十年代的发展时期。这个时期钢产量快速增加,钢材型号也多样化,除了钢结构厂房继续大规模发展外,发达地区也开始建造钢结构房屋。

④21 世纪初至今的兴盛时期。这个时期钢结构研究和设计水平大为提升,钢材高强度、防腐、防火和连接技术达到国际先进水平,我国陆续建造了大批高层钢结构房屋、大跨度钢结构桥梁、异形钢结构机场航站楼和高铁站等建筑物。

据《中国产业信息网》行业频道文章——《2019 年中国装配式建筑行业发展概况、未来发展趋势及发展前景分析》的数据,中国装配式建筑渗透率与主要发达国家对比(2017 年)如图 1.11 所示,并预测 2025 年我国装配式建筑市场空间可达 1.57 万亿元,如图 1.12 所示。

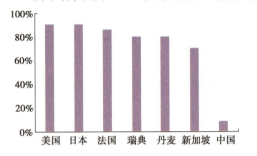

图 1.11　中国与发达国家装配式建筑率对比(2017 年)

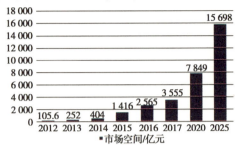

图 1.12　我国各年装配式建筑市场空间

### 1.2.3　装配式建筑发展趋势

受发达国家智能制造和"中国制造 2025"的影响,建筑产业的新理念、新技术不断更新和发展,装配式建筑也将会产生新的变革,其主要发展趋势表现在以下几个方面。

(1)向开放体系发展

目前,各国装配式建筑现有的生产重点为标准化构件设计和快速施工,设计缺乏灵活性,没有推广模数化,处于闭锁体系状态。未来应该发展标准化的功能块,设计上统一模数,让设计者与建造者有更多的装配自由,使生产和施工更加方便。

(2)向结构预制式和内装修系统化集成方向发展

目前,各国装配式建筑普遍采用模块式结构设计,未来应该将内装修部品与主体结构结合在一起设计、生产、安装。

(3)向现浇和预制装配相结合的万能柔性联结体系发展

目前,各国装配式建筑的联结部位采用的主要有湿式体系与干式体系。湿式体系作业会影响结构强度、质量水平,而且劳动力和工时也较多;干式体系作业如果利用螺栓螺帽连接,则抗震性能较差,而且防渗性差。未来的联结体系将会往现浇和预制装配相结合的万能柔性联结节点发展,按装配作业配套需要,准时精确安排零件的预制生产,减少劳动力,缩短生产周期,减少毛坯和制品的库存量,提高装配构件的利用率。

(4)向全产业链信息平台发展

未来将利用 BIM 和网络化等信息手段,使装配式建筑中的咨询、规划、设计、施工和运营各个环节联系在一起形成全产业链信息平台,对装配式建筑全生命周期和质量管理实现完全把控。

(5)向绿色化结构装配体系发展

未来的装配式建筑要考虑对环境的影响最小,同时兼顾安全性与资源利用效率——从设计、加工制作、运输、吊装与安装到拆除、拆迁和报废过程中,考虑建筑材料的绿色环保性,偏向利用生物质材料、木材、轻钢、塑钢等与传统建筑材料结合形成复合结构,以保证其可持续发展。

（6）向智能化装配发展

建筑业劳动力用工成本越来越高，并且工人数量与素质难以完全满足装配式建筑的要求，因此研发及生产智能化流水生产线、吊装与安装机器人，有针对性地对装配式建筑的建造模式进行升级改造，可以缩短工期，提高生产效率。

（7）向网络定制发展

未来将充分利用5G或更高级的网络通信技术，不仅可以将装配式建筑企业的研发、设计、生产、施工等各子系统用网络连接起来，还可以将装配式建筑企业与其他相关资源企业用网络连接起来。这样可以共享、组合与优化利用各方的思路与资源，从而实现装配式建筑的定制化。

## 1.3　装配式建筑产业的政策与基地

近年来国家与地方政府陆续出台了相关政策，积极支持装配式建筑产业的发展，并建立了大批装配式建筑生产基地。

### 1.3.1　国家与地方政策

2016年9月召开的国务院常务会议，决定大力发展装配式建筑，推动产业结构调整升级。会议要求，按照推进供给侧结构性改革和新型城镇化发展的要求，大力发展钢结构、混凝土结构等装配式建筑，具有发展节能环保新产业、提高建筑安全水平、推动化解过剩产能等一举多得之效。会议决定，以京津冀、长三角、珠三角城市群和常住人口超过300万人的其他城市为重点，加快提高装配式建筑占新建建筑面积的比例。

2017年3月，国家住房和城乡建设部发布《"十三五"装配式建筑行动方案》《装配式建筑示范城市管理办法》《装配式建筑产业基地管理办法》等一系列政策性文件，助推装配式建筑的发展。

近来，全国各省、市、地区都出台了装配式建筑政策，下面以几个代表性的省市来说明。

（1）上海市装配式建筑政策

2015年，上海市建筑建材业市场管理总站和上海市住宅建设发展中心联合下发通知，要求上海市装配式保障房项目宜采用设计（勘察）、施工、构件采购工程总承包招标。对总建筑面积达到3万 m² 以上，且预制装配率达到45%及以上的装配式住宅项目，每平方米补贴100元，单个项目最高补贴1 000万元；对自愿实施装配式建筑的项目给予不超过3%的容积率奖励；装配式建筑外墙采用预制夹心保温墙体的，给予不超过3%的容积率奖励。在土地源头实行"两个强制比率"：2015年在供地面积总量中落实装配式建筑的建筑面积比例不少于30%；2016年外环线以内符合条件的新建民用建筑全部采用装配式建筑，外环线以外装配式建筑所占比例达到50%，2017年起外环以外在50%基础上逐年增加。

（2）四川省装配式建筑政策

2016 年 3 月，四川省政府印发《关于推进建筑产业现代化发展的指导意见》。2016—2017 年，在成都、乐山、广安、西昌 4 个建筑产业现代化试点城市，形成较大规模的产业化基地。到 2025 年，装配率达到 40% 以上的建筑，占新建建筑的比例达到 50%；桥梁、水利、铁路建设装配率达到 90%。在减税、奖励方面，支持建筑产业现代化关键技术攻关和相关研究，经申请被认定为高新技术企业的，减按 15% 的税率缴纳企业所得税。在符合相关法律法规的前提下，对实施预制装配式建筑的项目研究制订容积率奖励政策。按照建筑产业现代化要求建造的商品房项目，还将在项目预售资金监管比例、政府投资项目投标、专项资金、评优评奖、融资等方面获得支持。大型公共建筑全面应用钢结构——《关于推进建筑产业现代化发展的指导意见》明确提出，政府投资的办公楼、保障性住房、医院、学校、体育馆、科技馆、博物馆、图书馆、展览馆，棚户区危旧房改造工程，历史建筑保护维护加固工程，大跨度、大空间和单体面积超过 2 万 m² 的公共建筑，全面应用钢结构等。

（3）山东省装配式建筑政策

山东省积极推动建筑产业现代化，研究编制并推广应用全省统一的设计标准和建筑标准图集，推动建筑产品订单化、批量化、产业化；积极推进装配式建筑和装饰产品工厂化生产，建立适应工业化生产的标准体系；大力推广住宅精装修，推进土建装修一体化，推广精装房和装修工程菜单式服务，2017 年设区城市新建高层住宅实行全装修，2020 年新建高层、小高层住宅淘汰毛坯房。《山东省绿色建筑与建筑节能发展"十三五"规划（2016—2020 年）》明确提出，要强力推进装配式建筑发展，大力发展装配式混凝土建筑和钢结构建筑，积极倡导发展现代木结构建筑，到规划期末，设区城市和县级市装配式建筑占新建建筑的比例分别达到 30% 和 15%。

（4）广西壮族自治区装配式建筑政策

2016 年 8 月 29 日，广西壮族自治区住建厅等 12 个部门联合印发《关于大力推广装配式建筑促进我区建筑产业现代化发展的指导意见》（以下简称《指导意见》），明确提出广西要大力推广装配式建筑，减少建筑垃圾和扬尘污染，缩短建造工期，提升工程质量，促进广西建筑产业现代化发展，推动建筑产业转型升级。根据《指导意见》，广西全区积极培育自治区级建筑产业现代化综合城市，建成自治区级建筑产业现代化基地。到 2020 年年底，装配式建筑占新建建筑的比例达到 25% 以上。到 2025 年年底，全区装配式建筑占新建建筑的比例达到 35%。《指导意见》要求，广西各设区市要结合实际，制定本地区建筑产业现代化发展规划；要以预制装配式混凝土结构和钢结构为重点，加快研究制定符合广西实际的建筑产业现代化设计、生产、装配式施工等环节的技术标准、规范等体系；要引进区外建筑产业现代化优势企业，吸收推广先进技术和管理经验，培育一批具备技术研发、设计、生产、施工的高水平企业。

### 1.3.2　加快装配式建筑生产基地建设

20 世纪末，江苏、浙江、上海、广东、北京的装配式钢结构建筑发展步伐加快，带领其他地区开始加速发展装配式钢结构建筑产业。目前，全国已经建立装配式钢结构建筑的构件生产基地 2 000 余家，钢结构上市公司达到 20 余家。装配式钢结构建筑也已有较快发展，大型的装配式钢结构公司及生产基地也越来越多。

目前,全国各省市对装配式混凝土建筑的发展提出了明确要求,越来越多的市场主体加入装配式混凝土建筑的建设大军。在各方共同推动下,2018年全国新开工的装配式混凝土建筑面积达到5 000万 m²,近4年新建混凝土结构预制构件厂数量达到200多个。全国的装配式混凝土结构建筑产业基地(园)举例如下:

①云南安宁装配式建筑产业园。2020年,该产业园计划成为云南省领先的现代化装配式建筑示范园区,基本达到国家级装配式建筑示范城市标准,园区总产值达400亿元;计划到2025年,全面建成国家装配式建筑示范城市,达到全国装配式建筑一流水平,园区的总产值超过1 000亿元。

②湖北荆州装配式建筑产业园。荆州开发区管委会、美好置业集团股份有限公司、荆州市住房和城乡建设委员会正式签约。根据协议,美好置业集团股份有限公司投资4.5亿元建设绿色装配式建筑产业园。该项目将对全市建造方式的创新、建筑产业的转型升级起到示范、引领、推动作用。

③内蒙古和林格尔县装配式建筑产业园。内蒙古中朵实业(集团)有限公司与长沙远大住宅工业集团股份有限公司联手打造的和林格尔县装配式建筑产业园,占地900亩(1亩≈666.67 m²)左右,一期、二期、三期陆续投资额约达45亿元,增加就业人口近3 000人,预计最终年产值约200亿元,实现纳税20亿元左右。

④广西横县装配式建筑产业园。2017年7月,广西北部湾国际港务集团有限公司装配式建筑产业基地开工。该项目总规划用地2 998亩,分两期建设,项目总投资60.6亿元,其中一期(2017—2019年)投资约26.2亿元,二期(2019—2021年)投资约34.4亿元。

## 本章小结

本章对装配式建筑概念、装配式建筑中外发展历程、装配式建筑产业的政策与基地进行了简要讲述。学生从中可了解发展装配式建筑产业的重要性和必要性。

## 课后习题

1.装配式建筑的含义是什么?

2.装配式建筑在国内与国外的发展过程有哪些差异?

3.国家对装配式建筑产业的政策主要有哪些?

4.试搜集本省或者本地区近期出台的装配式产业支持政策。

# 2

装配式木结构

**本章导读**

本章包括装配式木结构应用范围、结构体系、木结构施工基本方法、木结构施工质量控制。学习要求：掌握木结构各种不同结构体系的基本含义，了解木结构在工程中的应用范围，基本熟悉木结构的常规施工方法和常规施工质量控制方法。木结构的力学性能是重点，木结构的节点施工工艺是难点。

# 2.1 木结构应用范围

我国是最早应用木结构的国家之一，木结构的应用范围除了与其发展历史有关外，也与其优势、制约因素、未来的预期有紧密关系。

## 2.1.1 木结构优势与目前采用范围

木材的受弯性能和受压性能好，受拉性能较好，受剪性能差。木结构抗震性能良好，木结构房屋自身质量较轻，发生地震时吸收的地震能量较少；另外，木结构的抗冲击韧性大，对短时间的冲击荷载或者具有疲劳破坏性的周期荷载有很强的抵抗力，可大大吸收和消散振动能量。

在众多的建筑材料中，木材是极少数可以再生的材料，其成材快、周期短，只要科学化管理和砍伐，就可以持续不断地得到优质原材料。木结构建筑的生态、节能、环保性能优越，主要表现在以下几个方面：

①在生产阶段，木结构建筑构件在生产时对生态环境基本无影响，而钢筋混凝土材料的生产需要消耗煤炭、石化能源和矿石资源，会污染和破坏环境。

②在建设阶段，木结构建筑产生的废料、垃圾远少于钢筋混凝土结构施工过程中产生的建筑垃圾。

③在使用阶段，木材导热系数小、节能性能好，木结构墙体保温隔热性能好，可大大减少能源消耗。

④在拆除阶段，木结构建筑拆除后，部分木材构件还可以被回收利用，报废部分也不会污染和破坏环境。

目前，国家逐渐重视装配式木结构建筑的发展，特别是对于抗震要求高或者造型特殊的公共建筑开始采用木结构，桥梁工程、居住建筑、人文景观建筑等也开始考虑采用木结构建筑形式。

古代木结构建筑受当时的技术与加工设备所限，大部分采用原木稍微加工建造成为房屋，如图2.1和图2.2所示。现代木结构为了简化古代木结构的连接方式，越来越多地采用金属部件作为主要连接件，同时随着加工设备与施工技术的不断发展和提高，将原木深加工成各种形状、厚度的板片，然后采用叠合层技术做成胶合木料，即复合木料，可以解决翘曲变形、开裂、虫蛀、火烧、腐烂以及跨度等问题,从而可以建成大跨度、多层木结构建筑,如图2.3和图2.4所示。

图2.1　仿古建筑外部

图2.2　仿古建筑内部

图2.3　大跨度木结构

图2.4　多层木结构

### 2.1.2　木结构的制约因素

目前,我国有关木结构设计的规范对木结构建筑层数、层高、总高均有较严格的限制条件。由于我国对建筑火灾时的财产保护和人员伤亡有严格的标准,所以我国在木结构设计方案阶段,许多大跨度、高层木结构建筑不能得到审批。国外发达国家的木结构设计规范主要确保人员免受火灾、地震等的危害,而对房屋破坏及其他财产损失基本不予考虑。

发达国家重视木结构在上下游产业链中的充分发展,在政策、设计规范、施工技术规程、木材产业、构件工厂、设备研发与制造、施工技术等方面形成了有效的理论与实践机制。由于木结构容易被人为烧毁,且以前防腐蚀技术较差,易被白蚁蛀坏,不易保存。近代以来,我国对砖石结构和钢筋混凝土结构有更多偏好,以至于我们对木材的处理技术、加工技术、设计技术、施工技术的研究和推广使用均比发达国家落后。

### 2.1.3　木结构的未来预期

2012年3月,第八届国际绿色建筑与建筑节能大会在北京召开,几百位来自十多个发达国家的官员、设计和施工领域的专家学者参加会议,会议对低碳木结构与绿色生态城市进行了专题讨论,这对推动木结构建筑发展将发挥积极作用。

木结构建筑未来的发展需注意以下 3 个方面的问题:

①在国家政策方面。国家要以建筑企业转型升级和绿色低碳为契机,在原有基本政策基础上出台更多具体、优惠的支持政策和措施,对加快装配式木结构建筑的发展进行科学引导,宣传钢-木结构建筑、木结构建筑在节能减排、绿色环保、抗震方面的优良性能,使投资、设计、制作加工、施工等各方主体积极响应,尽快形成木结构建筑产业链,推动我国木结构建筑产业向健康的方向发展。

②在研究和设计方面。木结构研究机构、高等院校、加工制造企业要在木结构的研发方面不断地增加投入,攻克关键技术难题,解决工程用木材在防潮、防腐、强度、防火等方面的问题,同时对木结构建筑的规范和标准不断修订和更新,为木结构建筑的大规模推广提供基本支撑条件。我国应积极与欧洲和北美等国家展开技术合作,例如可以参考《美国国家建筑规范》《加拿大国家建筑规范》《加拿大轻型木结构工程手册》以及美国林业及纸业协会《木结构设计标准》来改进我国的木结构设计标准。

同时,我们还应对木结构的连接方式进行改革研究与设计,在榫卯等连接方式基础上增加金属部件等多种连接方式。

③在加工和制造方面。国家应大力投资建设木结构加工和制造工厂,充分发挥装配式建筑在工厂生产的优势,让木结构构件和连接件在全年任何气候条件下都能制造,然后在工地上短时间内就可以完成构配件的吊装和安装,这样可以提高构件施工质量,减少施工所需劳动力,降低施工强度,节约工期。

加工制造时可采用水基性阻燃处理剂等高端防火材料对木材进行阻燃处理,形成炭化效应,当发生火灾时,炭化层的低传导性能够有效地阻止火焰向木材内蔓延,在很长时间内可以有效地防止木结构体系的破坏。

利用现代化的机械自动设备将传统的木材原料进行深度加工,形成适合于不同厚度、长度、宽度、强度的建筑用的梁、柱、拱、杆、板、墙等部件,突破传统的建筑形式,以适应现代工业、民用、公共建筑的力学性能、多样性和舒适性。

## 2.2 木结构的结构体系

木结构的结构体系从简单到复杂主要有井干式构架、抬梁式构架、穿斗式构架、梁柱-剪力墙构架、梁柱-支撑构架、CLT 剪力墙构架、核心筒-木构架、网壳构架、张弦构架、拱构架、桁架构架。

### 2.2.1 井干式构架

井干式构架采用原木、方木等实体木料,逐层累叠,纵横叠垛而构成。连接部位采用榫卯切口相互咬合,木材加工量大,木材利用率不高,一般在森林资源比较丰富的国家或地区多见,如我国东北地区等。井干式构架需用大量木材,在绝对尺度和开设门窗上都受很大限制。井干式木结构房屋是一种不用立柱和大梁的房屋结构,这种结构以圆木或矩形、六角形木料平行向上层层叠置,在转角处木料端部交叉咬合,形成房屋四壁,形如古代井上的木围栏,再在左右两侧壁上立矮柱承脊檩构成房屋。井干式木结构房屋素描图、房屋实例以及房屋拐角处局部细节分别如图2.5—图2.7所示。

图2.5 井干式木结构房屋素描

图2.6 井干式木结构房屋实例

图2.7 井干式木结构房屋拐角处

## 2.2.2 抬梁式构架

抬梁式构架所采用的木结构体系是由柱、梁、椽、檩等组成的主要承重结构,这些构件通过榫卯结合,结构牢固,不但可以承受较大的荷载,而且柔性的榫卯节点允许产生一定的变形。抬梁式构架体系如图2.8所示。

抬梁式构架的基本原理:

①在地基基础上立起各种柱子。

②在柱子顶部安装横向的枋和梁。横枋是为了加强柱子之间的联结,不承重,只是为了使柱子之间形成更稳定的整体结构;横梁上再立起各种矮柱,名为瓜柱。

③瓜柱上再安装承托梁,梁上再加瓜柱,按照此方法一层一层地抬上去,最上面的那层梁上竖立一根位置最高的脊瓜柱,由此构成一个坡屋顶的轮廓。

④每层梁的两头分别搁上檩条,檩条上钉椽子,铺上望板,最后再铺上瓦。

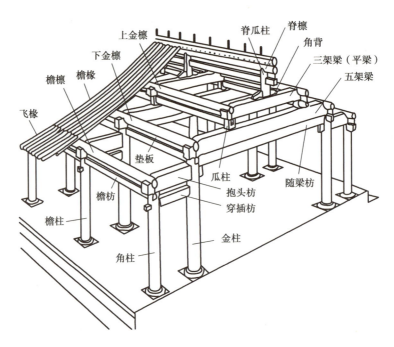

图2.8 抬梁式构架体系示意图

### 2.2.3 穿斗式构架

穿斗式构架由立柱直接承担檩的压力,不需要布置横梁。在进深方向,按檩木数量来确定相应的立柱数量,一个柱子上安放一根檩木,再在檩木上安装椽条,椽条与檩木正交,椽条上面盖瓦或者其他屋面防水材料。这样,屋面荷载由椽条传给檩木,再传到柱顶,往下传到柱基础。横向穿枋将每排柱子贯穿起来成为一榀构架;而在房屋纵向,用斗枋将各榀构架的檐柱柱头联结,用钎子将各榀构架的内柱柱头和各楼层处柱节点联结,形成房屋的空间构架。一榀穿斗式构架的构件组成如图2.9所示,穿斗式木结构房屋建造现场如图2.10所示,穿斗式木结构房屋顶部构造如图2.11所示。

每檩下有一柱落地,是穿斗式木构架的初步形式。根据房屋的大小,穿斗式木构架还可使用"三檩三柱一穿""五檩五柱二穿""十一檩十一柱五穿"等不同形式。随着柱子增多,穿的层数也增多。此法发展到较成熟阶段后,鉴于柱子过密会影响房屋使用,有时将穿斗架由原来的每根柱落地改为每隔一根落地,将不落地的柱子骑在穿枋上,而这些承柱穿枋的层数也相应增加。穿枋穿出檐柱后变成挑枋,承托挑檐。这时的穿枋也部分地兼有挑梁的作用。

穿斗式构架用料较少,建造时先在地面上拼装成整榀屋架,然后竖立起来,具有省工、省料和便于施工和造价经济的优点。同时,密列的立柱也便于安装壁板和筑夹泥墙。我国长江中下游各省保留了大量明清时代采用穿斗式构架的民居,其中较大空间的建筑,采取的是将穿斗式构架与抬梁式构架相结合的办法——在山墙部分使用穿斗式构架,中间的房间用抬梁式构架。两种构架形式彼此配合,相得益彰。

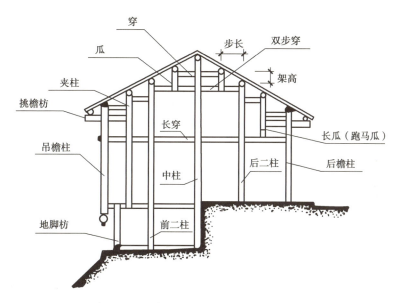

图2.9　一榀穿斗式构架的构件组成示意图

图2.10　穿斗式木结构房屋建造现场

图2.11　穿斗式木结构房屋顶部构造

### 2.2.4　梁柱-剪力墙构架

在抬梁式构架或者穿斗式构架的基础上,将若干榀构架用胶合木框架结构代替,且在其中嵌入木剪力墙,形成混合式样的框剪木结构。这样,在空间布局上既有一定的灵活性,又利于整体的抗侧向力和抗侧向位移,适用于较高的房屋。这种结构体系在国内外的建筑工程中已有应用,但是人们对这种结构体系的抗侧向力性能研究不足。实际工程中多采用保守的设计方案:第一种设计方案是假设框架为铰接体系,而由剪力墙承受全部水平侧向力;第二种设计方案是假定由木框架承受全部水平侧向力,而剪力墙只是作为填充墙不参与承担水平力。这两种设计方案尽管不能准确地反映整体结构的实际受力状况,但具有较高的安全性保证。

### 2.2.5　梁柱-支撑构架

在抬梁式构架或者穿斗式构架的基础上,在若干榀构架中增加木支撑,形成梁柱-支撑构架,以增强结构的耗能和抗震性能。该类结构在空间布局上具有灵活性,同时也有较好的抗侧向位移能力,适用于多高层木结构建筑。梁柱-支撑木构架示意图如图2.12所示,梁柱-

支撑木构架房屋如图 2.13 所示。

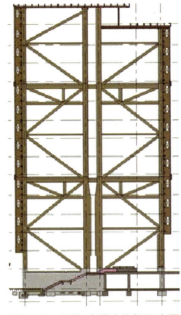

图 2.12　梁柱-支撑木构架示意图　　　图 2.13　梁柱-支撑木构架房屋

## 2.2.6　CLT 剪力墙构架

CLT 是 cross laminated timber 的简写,意为交错层压木材。这是利用机器设备和窑炉将木材水分去除,然后切割成木方,根据预先设计的面积和厚度,将木方正交叠放,用高强度建筑胶将木方胶合成型。其抗压强度与混凝土材料强度相当,而且抗拉强度远高于混凝土。CLT 木质墙体对竖向和水平荷载都有较好的承载能力,是一种抗震性能良好的组合式木材,具有强度高、绿色环保、防火性能好等特点,可用于建造多高层木结构建筑。该技术于 2000 年左右产生于欧洲的德国、瑞士和奥地利,目前已在我国得到了推广。

CLT 木质墙体在工厂流水线生产时,预先打好孔;在现场安装时,各 CLT 木构件之间可以通过螺栓、销轴、螺母等配件连接固定,同时增强节点的强度。CLT 剪力墙木构件的连接如图 2.14 所示,CLT 剪力墙木构件的起吊如图 2.15 所示,构件安装如图 2.16 所示。

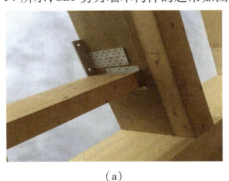

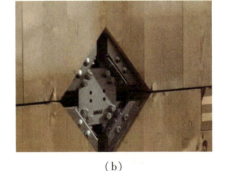

（a）　　　　　　　　　　　　　　　　（b）

图 2.14　CLT 剪力墙木构件的连接

图 2.15　CLT 剪力墙木构件起吊　　　　图 2.16　CLT 剪力墙木构件安装

### 2.2.7　核心筒-木构架

核心筒-木构架是用 CLT 木质墙体围成核心筒,核心筒承担主要的侧向力和水平位移,外围采用木梁柱框架结构,由框架结构承担主要竖向荷载的结构形式。该结构体系各部分之间分工受力明确,可用于多高层木结构建筑。

加拿大温哥华市于 2017 年 5 月建成 53 m 高的 18 层木结构学生公寓大楼。从预制构件运输到现场施工,主体结构所用时间为 70 天。该建筑首层是混凝土核心筒-框架结构,主要是为了防潮和增加底层强度;首层以上的 17 层由 CLT 木核心筒-木框架组合而成;外墙面是木纤维挂板。该建筑的吊装过程如图 2.17 所示,主体完工后如图 2.18 所示。

图 2.17　加拿大木结构学生公寓大楼吊装过程　　图 2.18　加拿大木结构学生公寓大楼主体完工

### 2.2.8 网壳构架

网壳是空间杆系结构,由杆件按一定规律组成壳体状布置的空间构架网格。木结构网壳构架主要用于跨度为 50~200 m 的大跨度公共建筑。

日本大馆市树海体育馆是一座典型的木结构网壳建筑。其内部有 2 层,屋顶高 52 m,檐口高 7.8 m,平面短轴方向长度为 157 m,长轴方向长度为 178 m,于 1997 年 6 月竣工,工程建设历时 2 年。屋面网壳构件为胶合杉木材料,屋面网壳构件在檐口处与钢筋混凝土杆件连接,将竖向荷载和水平荷载传递到基础上。屋面网壳在长轴方向有两层木杆件,在短轴方向有一层木杆件,长轴方向杆件与短轴方向杆件基本正交,而且短轴方向杆件位于上下层长轴方向杆件之间,在上下层长轴方向杆件之间设置交叉钢拉杆作为连系腹杆,以加强各层杆件之间的抗侧移稳定性。屋面防水覆盖材料、短轴方向与长轴方向杆件交叉形状、檐口的钢筋混凝土杆件支座如图 2.19 所示,上下层长轴方向杆件、中间短轴方向杆件、交叉钢腹拉杆的连接如图 2.20 所示,木结构网壳整体形状如图 2.21 所示。

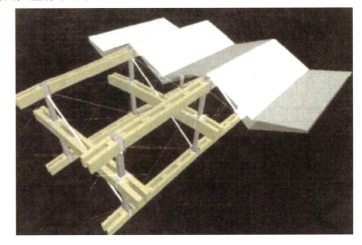

图 2.19　网壳构架各组成部分　　　　图 2.20　网壳长短轴杆件的连接关系

图 2.21　木结构网壳整体形状

### 2.2.9　张弦构架

张弦构架是一种混合型柔性结构,可以将拱梁、桁架、拉杆等结合起来形成自平衡的空间结构。一般屋面系统、下部结构都采用拉结构造,以预防屋面在大风作用下上浮。张弦构架跨度一般为30~70 m,主要用于跨度大的建筑和桥梁。普通张弦梁、张弦拱的常见做法有以下几种:

①三角形木桁架与钢拉杆结合形成张弦木桁架系统,如图2.22 所示。

②大木梁与钢拉杆结合形成张弦木梁系统,如图2.23 所示。

③由两根木梁组成人字木拱梁,底部与钢桁架、钢拉杆结合形成张弦人字木拱系统,如图2.24 所示。

图2.22　张弦木桁架系统　　　　图2.23　张弦木梁系统

图2.24　张弦人字木拱系统

### 2.2.10　拱构架

拱构架的形状有曲线形或折线形,其主体受轴向压力,防止拱的弯曲变形。由于木材具有较好的抗压性能,木结构拱跨度一般为20~100 m。拱构架两端支座(即拱脚处)有较大水平推力,因此必须制作强大的抗推力基座来承担该水平推力。水平推力可以用以下几种方法来处理:一是水平推力由拉杆承受;二是水平推力由地基基础承担;三是水平推力由侧面框架结构承担。

①一铰拱:在拱顶设置一铰。菲律宾的宿雾机场是由若干一铰拱连成波浪起伏的木结构航站楼。内部的单个拱如图2.25 所示,外部的波浪式连拱如图2.26 所示。

图 2.25　一铰拱木结构　　　　图 2.26　波浪式连拱木结构

　　②二铰拱：在拱两端各设置一铰。加拿大的冬奥会速滑馆，馆的横向由大跨度的木拱梁作为受力主体，两端为铰支座，如图 2.27 所示。

　　③三铰拱：在拱两端、拱顶各设置一铰。美国西雅图市某廊道的横向两根弧形木梁顶部及拱脚处均为铰结点，连接成大拱圈作为受力主体，纵向增加系杆将各横向大拱圈联系起来，以增加整体受力性能，如图 2.28 所示。

图 2.27　二铰拱木结构　　　　　　图 2.28　三铰拱木结构

## 2.2.11　桁架构架

　　木杆件组成的桁架即木桁架，常被用于塔楼、屋架、桥架。木屋架比较常用，主要用于商场、学校、住宅的屋顶。木屋架的外形常见的有三角形屋架（豪威式、芬克式较多）、梯形屋架（双斜弦桁架）、平行弦屋架、多边形屋架（斜折线桁架）等，如图 2.29 所示。木桁架屋架实体如图 2.30 所示，木桁架塔楼如图 2.31 所示，木桁架桥梁如图 2.32 所示。

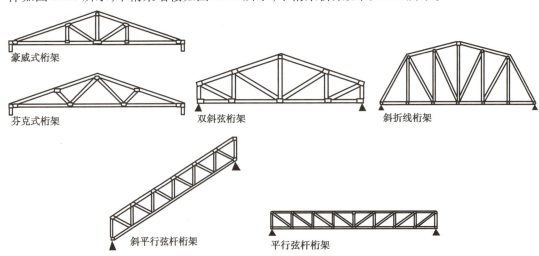

豪威式桁架

芬克式桁架　　　双斜弦桁架　　　斜折线桁架

斜平行弦杆桁架　　平行弦杆桁架

图 2.29　木屋架的外形

图2.30　木桁架屋架实体

图2.31　木桁架塔楼

图2.32　木桁架桥梁

# 2.3 木结构基本施工方法

木结构的基本施工方法主要有木结构基础施工方法、木结构上部施工方法、木结构节点连接方法、木结构保温方法等。

## 2.3.1 木结构基础施工方法

木结构基础有两大类型：一是无地下室基础，其中又分为两种，一种是无地下室的整体浇筑底板（常用，见图2.33），另一种是无地下室的预制底板（不常用）；二是有地下室基础，其中又分为两种，一种是地面格栅置于基础顶面（图2.34），另一种是地面格栅与基础顶面平齐（图2.35）。

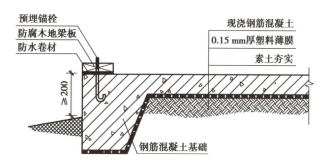

图2.33　无地下室的整体浇筑底板

木结构基础与木柱的连接方法有多种，其目的是将木柱与基础牢固连接，防止发生水平位移，使上部结构与基础准确定位，以协调整体的平面布局。常见的做法有6种，如图2.36

所示。

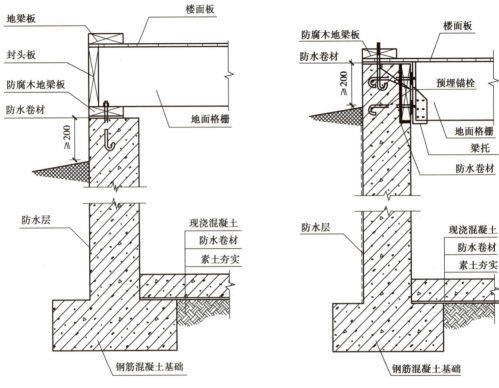

图2.34 地面格栅置于基础顶面　　　　图2.35 地面格栅与基础顶面平齐

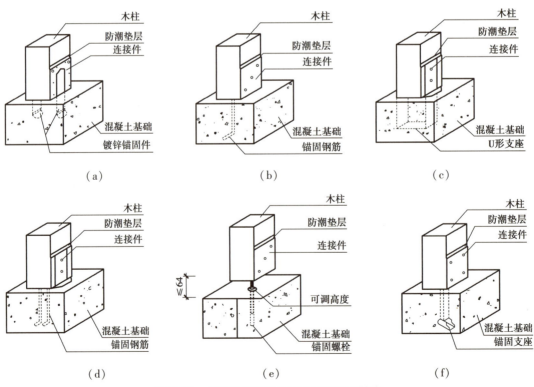

图2.36 木结构基础与木柱连接的常见做法

### 2.3.2　木结构上部施工方法

#### 1）材料选用

木结构在施工之前,为了满足所建木结构房屋的实用性和功能性要求,必须有针对性地深入研究和分析木材品种、性能,并做好选材规划和具体计划,这是保证木结构原材料质量的首要任务。选材时既要重视木材原料的外形是否规整,也要重视木材的未烘干密度、气干密度、抗白蚁性能、抗潮性能、耐候性能等,应选择树干挺直、圆率匀称、无结疤、无霉变、色泽均匀、无裂缝、质地坚韧、干燥性好的木材原料。优质木材如图2.37所示,劣质木材如图2.38所示。

图2.37　优质木材

图2.38　劣质木材

#### 2）木材原料的验收与保管

木材原料必须严格按照原材料的质量标准和要求进行检查和验收,进场时必须有正规的材料合格证和材质检验报告。按照《建筑材料质量标准与管理规程》,对材料质量进行抽检,对于重要构件或非匀质材料,必须增加抽样数量。木材原料验收和抽检均合格后,要按施工场地平面布置图进行堆放,堆放要整齐,要有防日晒雨淋的仓储设施,以免因受雨水侵蚀和太阳暴晒而造成弯曲、变形。仓储管理要有相应的材料收发管理制度。

#### 3）原材料及构件加工

原材料及构件加工应按设计要求,以栋号为单位,开列出各种构件所需材料的种类、数量、规格方面的料单。对已进场验收合格的材料,根据图纸进行锯材加工;对于复杂构件及节点等部位应放足尺大样,做好样板后再进行加工。

（1）柱类构件加工

柱类构件制作采用人工凿卯眼,再用电脑数控机床进行精确二次加工的方法,以达到精度要求。柱类构件的制作工艺流程如下:

①在柱料两端直径面上分出中点,吊垂直线,再用方尺画出十字中线。

②圆柱依据十字中线放出八卦线,柱头按柱高的7‰～10‰收分;然后根据两端八卦线,顺柱身弹出直线,依照此线砍刨柱料成八方。

③再弹十六瓣线,砍刨成十六方,直至把柱料砍圆刮光。方柱依据十字中线放出柱身线,柱头收分宜比圆柱酌减。按柱身线四面去荒刮平后,四角起梅花线角,线角深度按柱子看面尺寸的1/15～1/10确定,圆棱后将柱身净光。

柱头、柱身加工如图2.39所示。

图 2.39　柱头、柱身加工

图 2.40　梁柱加工卯口、榫头

弹画柱身中线,按优面朝外原则,选定各柱位置,并在内侧距柱脚30 cm处标记位置号。外檐柱按柱高的7‰~10‰弹出升线。按照丈杆及柱位、方向画定榫卯位置与柱脖、柱脚及盘头线,按所画尺寸剔凿卯眼,锯出口子、榫头。穿插枋卯口为大进小出结构,进榫部分卯口高按穿插枋高,半榫深按1/3柱径;出榫部分高按进榫的一半,榫头露出柱皮1/2柱径。各类柱子制作中应注意随时用样板校核,人工剔凿卯眼,锯出卯口和榫头(图2.40)。

(2)梁类构件加工

梁类构件制作采用人工锯出榫头,再用电脑数控机床进行精确二次加工的方法,以达到精度要求。梁类构件的制作工艺流程如下:

①在梁两端画出迎头立线(中线),依据立线放出平水线(檩底皮线)、抬头线、熊背线及梁底线、两肋线(梁的宽窄线)。

②将两端各线分别弹在梁身各面。按线将梁身去荒刮平,再用分丈杆点出梁头外端线及各步架中线,用方尺勾画到梁的各面。

③画出各部位榫、卯及海眼、瓜柱眼、檩碗、鼻子和垫板口子线。

④凿海眼、瓜柱眼,剔檩碗,刻垫板口子,刨光梁身,截梁头。海眼的四周要铲出八字棱,瓜柱眼视需要做成单眼或双眼,眼长按瓜柱侧面宽的1/2,眼深按眼长的2/3,梁头鼻子宽按梁头宽的1/3,两侧檩碗要与檩的弧度相符。加工完成后复弹中线、平水线、抬头线。按各面宽度1/10圆棱,梁头上面及两边刮出八字棱。在梁背上标注构件部位及名称。

⑤依照样板在老角梁上、下面弹出顺身中线,点画出各搭交檩的老中及里由中、外由中线,再用斜檩碗样板画出檩碗,然后锯挖檩碗,凿暗销眼,钻角梁钉孔,加工角梁头尾。

图 2.41　加工现场

⑥按样板制作仔角梁。钻角梁钉孔,加工梁头梁尾,锯挖檩碗。在两侧金檩外由中的外金盘线至老角梁头六椽径处剔凿翼角椽槽。复弹各线,标记位置号。

加工现场如图2.41所示。

上述⑤、⑥中述及的"老角梁""仔角梁""外由中""老中""里由中"等,如图2.42所示。

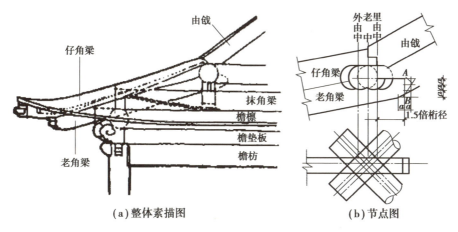

（a）整体素描图　　　　　　　　（b）节点图

图2.42 "老角梁""仔角梁"示意图

（3）数控机床木构件榫头、卯口精加工

在按照丈杆及柱位、方向画定榫卯位置与柱脖、柱脚及盘头线后,按所画尺寸剔凿卯眼,锯出口子、榫头等,人工加工成型的构件需进行二次电脑数控加工,以保证加工的卯口、榫头能够达到标准精度要求。数控机床构件精加工如图2.43所示。

图2.43 数控机床构件精加工

（4）构件榫头、卯口防腐处理

对各类已加工好的柱类构件和梁类构件的榫头、卯口需进行防腐处理,防腐处理采用国内先进防腐技术及优等的防腐剂。经过防腐处理的木构件应分类排放整齐,避免乱丢乱放对榫头的破坏,让其在自然条件下风干。构件榫头、卯口防腐剂如图2.44所示,构件榫头、卯口防腐处理如图2.45所示。

图2.44 构件榫头、卯口防腐剂

图2.45 构件榫头、卯口防腐处理

**4）汇榫（试组装）**

汇榫即试组装，在加工厂内将构件按图有序组合，把做好的榫汇入卯中，通过套中线尺寸、校衬头、套中线、照构件翘曲面、看两构件垂直度等来决定榫卯的修整程度，使对应的榫卯松紧度合适，对应构件结合紧密。

**5）木结构构件安装**

大木构架安装前，所有木构件均应制作完成，基础工程已完成并经验收合格。脚手架材料及人员均已准备好，大木构架安装方案已制订且已通过审核。吊装用的一切机具、绳索、吊钩已检查完毕，一切均符合安全使用要求。大木构架构件安装工艺流程及操作要点如下：

（1）脚手架搭设

在结构安装现场，根据大木构件安装方案搭设脚手架并经验收合格。施工场地内应搭安全防护设施，高空作业需系好安全带，作业人员应穿软底鞋。脚手架搭设如图2.46所示。

（2）屋架主梁试吊安装

根据方案进行试吊，确认构件吊点的合理性及绳扣的可靠性，以保证各大木构件顺利完成安装。试吊装如图2.47所示。

图2.46　脚手架搭设　　　　　　　　图2.47　试吊装

（3）大木构架安装

大木构架安装的主要施工工艺流程：

①木屋架应在地面拼装，必须在上面拼装的应连续进行，从明间开始吊装柱子，绑临时撑杆，依次立好次间、稍间柱子，安装柱头枋、穿插枋，中断时应设临时支撑。大木骨架安装现场如图2.48所示。

②屋架就位后，应及时安装脊檩、拉杆或临时支撑。

③下架立齐后，核验尺寸，进行"草拨"，并掩上"卡口"，固定节点，然后支好迎门撑，龙门撑，野撑及柱间横、纵向拉杆，按先下后上的次序，安装梁、板、枋、瓜柱等各部（构）件。安装时要勤校勤量，中中相对，高低进出一致，吊直拨正，加固撑杆，堵严涨眼，钉好檩间拉杆。

④立架完毕后，要在野撑根部打上撞板、木楔，并做好标记，以便随时检查下脚是否发生移动。大木骨架安装完成如图2.49所示。

图2.48　大木骨架安装现场

图2.49　大木骨架安装完成

### 2.3.3　木结构节点连接方法

木结构节点连接方法主要有榫卯连接、齿连接、螺栓连接和钉连接、齿板连接等。

（1）榫卯连接

准备连接的两个构件，一个构件的连接端凸出称为榫头，另外一个构件的对应连接端凹进称为卯，榫卯是凹凸相结合的一种连接方式。利用卯榫连接构件（无须使用钉子），结构牢固而且寿命长。榫卯连接实例如图2.50所示。

（2）齿连接

斜向受压构件端头做成较尖的齿榫，放在水平构件的被切齿槽内，两者咬合的连接方式称为齿连

图2.50　梁柱榫卯连接

接。齿连接分为单齿连接和双齿连接。单齿连接如图2.51所示，双齿连接如图2.52所示。

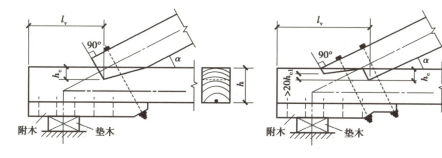

图2.51　单齿连接　　　　　　　　图2.52　双齿连接

（3）螺栓连接和钉连接

螺栓和钉可以阻止木结构中构件的相对移动，同时螺栓和钉也将受到木材孔壁挤压，这种相互作用可以有效地将各构件紧密连接起来。螺栓连接如图2.53所示。

（4）齿板连接

杆件连接前不必预先挖槽，利用机具将齿板直接压入被连接构件中，既方便又紧密，但

图 2.53　螺栓连接

齿板承载能力较低,适应荷载小的结构连接。齿板连接桁架结构如图 2.54 所示,齿板放大如图 2.55 所示。

图 2.54　齿板连接桁架

图 2.55　齿板放大图

### 2.3.4　木结构保温方法

以木结构住宅为例,其主要保温位置有外墙、内墙、屋顶。外墙的墙板吊装就位后,就可以在外面铺钉硬质泡沫保温材料板,如图 2.56 和图 2.57 所示。

图 2.56　外墙装配

图 2.57　外墙保温层铺设

木结构屋面保温层的做法是在屋架檩条上铺钉好木质垫板(图 2.58),然后铺设硬质泡沫保温板(图 2.59),再在保温板上铺钉好木质压条(图 2.60),最后在木质压条上再铺钉屋面防水的木垫板,在其上铺设屋面防水材料(图 2.61)。

图 2.58　铺钉木质垫板

图 2.59　铺设硬质泡沫保温板

图 2.60　铺钉木质压条

图 2.61　铺钉防水木垫板并做屋面防水

　　木结构内墙保温层的做法是在墙体装配完成后,在木格架中嵌入柔软型保温材料,如图 2.62 和图 2.63 所示;然后在其外铺设薄膜等隔水材料,如图 2.64 所示。楼板的保温材料施工方法与内墙相似,如图 2.65 所示。

图 2.62　内墙木格架中嵌入保温材料局部放大

图 2.63　内墙木格架中保温材料施工

图 2.64　内墙保温层外铺设隔水材料　　　　图 2.65　楼板的保温材料施工

## 2.4　木结构施工质量控制

　　木结构施工质量控制包括多个方面。本节主要介绍《木结构工程施工质量验收规范》（GB 50206—2012）中常见的一些质量验收标准和验收记录。

　　木结构规格材料、钉连接的工程质量检验标准见表2.1。

表2.1　木结构规格材料、钉连接的工程质量检验标准

| 项目 | 序号 | 规范条文 | 检查方法 |
|------|------|----------|----------|
| 主控项目 | 1 | 第6.2.1条 | 实物与设计文件对照 |
| | 2 | 第6.2.2条 | 实物与证书对照 |
| | 3 | 第6.2.3条 | 参照本规范附录G |
| | 4 | 第6.2.4条 | 实物与设计文件对照,检查交接报告 |
| 一般项目 | 1 | 第6.3.1条 | 对照实物目测检查 |

　　胶合木的工程质量检验标准如表2.2。

表2.2 胶合木的工程质量检验标准

| 项目 | 序号 | 规范条文 | 检查方法 |
|---|---|---|---|
| 主控项目 | 1 | 第5.2.1条 | 实物与设计文件对照、丈量 |
| | 2 | 第5.2.2条 | 实物与证明文件对照 |
| | 3 | 第5.2.3条 | 参照本规范F附录 |
| | 4 | 第5.2.4条 | 钢尺丈量 |
| | 5 | 第5.2.5条 | 参照本规范F附录C |
| 一般项目 | 1 | 第5.3.1条 | 厚薄规(塞尺)、量器、目测 |
| | 2 | 第5.3.2条 | 角尺、钢尺丈量、检查交接检验报告 |
| | 3 | 第5.3.3条 | 符合本规范4.3.2、4.3.3、4.2.10、4.2.11条的规定 |

木屋盖的工程质量检验标准如表2.3。

表2.3 木屋盖的工程质量检验标准

| 项目 | 序号 | 规范条文 | 检查方法 |
|---|---|---|---|
| 主控项目 | 1 | 第4.2.1条 | 实物与施工设计图对照、丈量 |
| | 2 | 第4.2.2条 | 实物与设计文件对照,检查质量合格证书、标识 |
| 一般项目 | 1 | 第4.3.1条 | 参照本规范表E.0.1 |
| | 2 | 第4.3.2条 | 目测、丈量,检查交接检验报告 |
| | 3 | 第4.3.3条 | 目测、丈量 |
| | 4 | 第4.3.4条 | 目测、丈量 |

木结构防腐、防虫、防火的工程质量检验标准如表2.4。

表2.4 木结构防腐、防虫、防火工程质量检验标准

| 项目 | 序号 | 规范条文 | 检查方法 |
|---|---|---|---|
| 主控项目 | 1 | 第7.2.1条 | 实物对照、检查检验报告 |
| | 2 | 第7.2.2条 | 参照《木结构试验方法标准》(GB/T 50329) |
| | 3 | 第7.2.3条 | 对照实物、逐项检查 |

在木结构完工后,要对其进行验收。验收时,与上述各部分的工程质量检验标准相对应,要填写相应的质量验收记录表。这里以木结构防腐、防虫、防火工程检验批质量验收记录表为例进行介绍,见表2.5。

表 2.5　木结构防腐、防虫、防火工程检验批质量验收记录表

| 单位(子单位)工程名称 | | | | | | |
|---|---|---|---|---|---|---|
| 分部(子分部)工程名称 | | | | 验收部位 | | |
| 施工单位 | | | | 项目经理 | | |
| 分包单位 | | | | 分包项目经理 | | |
| 施工执行标准名称及编号 | | | | | | |
| 施工质量验收规范的规定 | | | | 施工单位检查评定记录 | | 监理(建设)单位验收记录 |
| 主控项目 | 1 | 木结构防腐、防虫、防水与阻燃措施 | 第7.2.1条 | | | |
| | 2 | 木构件防腐剂透入度 | 第7.2.2条 | | | |
| | 3 | 木结构构件的各项防腐构造措施 | 第7.2.3条 | | | |
| 施工单位检查评定结果 | 专业工长(施工员) | | | | 施工班组长 | |
| | 项目专业质量检查员：　　　　　　　　　　　　　　年　　月　　日 | | | | | |
| 监理(建设)单位验收结论 | 专业监理工程师：<br>(建设单位项目专业技术负责人)　　　　　　　　年　　月　　日 | | | | | |

对表 2.5 的说明如下：本检验批全部为主控项目。第一，木结构防腐的构造措施符合设计要求。根据规定和施工图逐项检查防腐的构造措施，符合设计要求。观察检查，并形成记录。检查施工单位检查记录。第二，木构件防护剂的保持量和透入度符合规定。用化学试剂显色反应或 X 光衍射检测各不同树种木构件防护剂的保持量和透入度，符合设计要求，形成检测报告编号及结论。检查试验报告。第三，木结构防火构造措施符合设计文件要求。按照设计要求和施工图逐项检查，防火层达到设计要求的厚度且均匀，符合设计要求，形成检查结果。观察检查和检查施工单位检查记录。

## 本章小结

本章对装配式木结构应用范围、结构体系，木结构施工基本方法，木结构施工质量控制进行了全面讲述。学生应重点掌握木结构施工基本方法、木结构施工质量控制在实践过程中的应用。

## 课后习题

1. 举例说明装配式木结构在哪些工程中有应用。

2. 木结构结构体系最常见的有哪些？

3. 木结构的结构体系中各种结构的适用高度和跨度各是多少？

4. 木结构基础施工基本方法有哪些？

5. 木结构主体施工基本步骤有哪些？

6. 木结构屋面的保温施工方法有哪些？

7. 木结构质量检验主要包括哪些方面？各方面具体指标如何获得？

3

装配式钢结构

**本章导读**

本章内容包括钢结构的结构体系、应用范围、基本施工方法与施工质量控制。学习要求:掌握钢结构常见的结构体系,熟悉常见结构体系的特点与应用范围,了解钢结构施工方法,了解钢结构施工质量控制要点。重点是钢结构应用范围以及施工基本方法,难点是钢结构各类结构体系的特点。

# 3.1 钢结构的结构体系

钢结构是指用型钢或钢板制成基本构件,根据使用要求,通过焊接或螺栓连接等方式将基本构件按照一定规律组成可承受和传递荷载的结构形式。钢结构在工厂加工、异地安装的施工方法令其具有装配式建筑的属性。推广钢结构建筑,契合了国家倡导的大力发展装配式建筑的要求。

根据受力特点,钢结构建筑的结构体系可分为桁架结构、排架结构、刚架结构、网架结构和多高层结构等。

## 3.1.1 桁架结构

桁架是由杆件在杆端用铰连接而成的结构,是格构化的一种梁式结构。桁架主要由上弦杆、下弦杆和腹杆三部分组成,各杆件受力均以单向拉、压为主,通过对上下弦杆和腹杆的合理布置,可适应结构内部的弯矩和剪力分布。桁架分为平面桁架和空间桁架,如图3.1和图3.2所示。其中,平面桁架根据外形,可分为三角形桁架、平行弦桁架、折弦桁架等。平面桁架常用于房屋建筑的屋盖承重结构,此时称之为屋架。

(a)平面桁架桥　　　　　　　　　　　　　　　　(b)屋架

图3.1　平面桁架

## 3.1.2 排架结构

排架结构是指由梁(或桁架)与柱铰接、柱与基础刚接的结构形式,一般采用钢筋混凝土柱,多用于工业厂房,如图3.3所示。

## 3.1.3 刚架结构

门式刚架的杆件部分或全部采用刚结点连接而成,是钢架结构中最常见的一种结构形式,如图3.4所示。门式刚架按跨数分为单跨、双跨、多跨、带挑檐或毗屋等;按起坡情形分为单脊单坡、单脊多坡及多脊多坡等,如图3.5所示。门式刚架结构开间大,柱网布置灵活,广泛应用于各类工业厂房、仓库、体育馆等公共建筑。

图3.2 空间桁架

图3.3 排架结构

图3.4 门式刚架

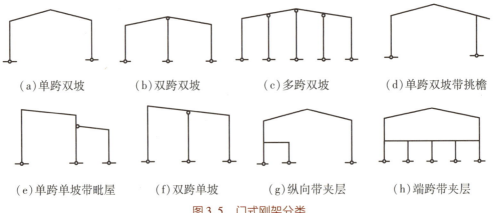

（a）单跨双坡    （b）双跨双坡    （c）多跨双坡    （d）单跨双坡带挑檐

（e）单跨单坡带毗屋    （f）双跨单坡    （g）纵向带夹层    （h）端跨带夹层

图3.5　门式刚架分类

### 3.1.4　网架结构

网架结构是指由多根杆件按照一定的网格形式通过结点联结而成的空间结构,具有用钢量省、空间刚度大、整体性好、易于标准化生产和现场拆装的优点,可用于车站、机场、体育场馆、影剧院等大跨度公共建筑。

网架结构按本身的构造分为单层网架、双层网架和三层网架。双层网架比较常见;单层网架和三层网架分别适用于跨度很小(不大于30 m)和跨度特别大(大于100 m)的情况,但在国内的工程应用较少。目前,国内较为流行的一种分类方法是按组成方式不同将网架分为四大类:交叉桁架体系网架、三角锥体系网架、四角锥体系网架、六角锥体系网架。以上各类网架举例如图3.6所示。

（a）单层网架

（b）双层网架

（c）三层网架

（d）交叉桁架体系网架

（e）三角锥体系网架

（f）四角锥体系网架

（g）六角锥体系网架

图3.6　网架结构

### 3.1.5　多高层结构

#### 1）框架结构

框架结构由梁和柱构成承重体系,承受竖向力和侧向力,如图3.7所示。其基本结构体系一般可分为3种:柱-支撑体系、纯框架体系、框架-支撑体系。其中,框架-支撑体系在实际工程中应用较多。框架-支撑体系是在建筑的横向用纯钢框架,在纵向布置适当数量的竖向柱间支撑,用来加强纵向刚度,以减少框架的用钢量,横向纯钢框架由于无柱间支撑,更便于生产、人流、物流等功能的安排。

图 3.7　框架结构

### 2)框架剪力墙结构

框架剪力墙结构是在框架结构的基础上加入剪力墙以抵抗侧向力。剪力墙一般为钢筋混凝土,或采用钢筋混凝土组合结构(图 3.8)。框架剪力墙结构比框架结构具有更好的抗侧刚度,适用于高层建筑。

### 3)框筒结构

框筒结构一般由钢筋混凝土核心筒与外圈钢框架组合而成,如图 3.9 所示。核心筒主要由四片以上的钢筋混凝土墙体围成方形、矩形或多边形筒体,内部设置一定数量的纵、横向钢筋混凝土隔墙。当建筑较高时,核心筒墙体内可设置一定数量的型钢骨架。外圈钢框架是由钢柱与钢梁刚接而成。建筑的侧向变形主要由核心筒来抵抗,框筒结构是高层建筑最常用的一种结构体系。

图3.8　钢框架混凝土剪力墙结构

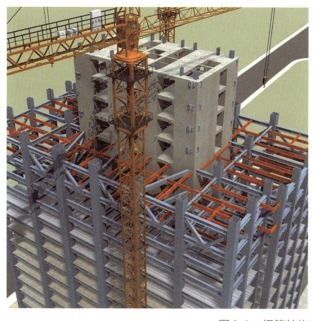

图3.9　框筒结构

### 4)新型装配式钢结构体系

在国家对装配式建筑的大力支持下,企业、科研院所、高校等已经开展了新型装配式钢结构体系的研究及应用,其中包括装配式钢管混凝土结构体系、结构模块化新型建筑体系

（分为构件模块化可建模式和模块化结构模式）、钢管混凝土组合异形柱框架支撑体系、整体式空间钢网格盒子结构体系、钢管束组合剪力墙结构体系和箱形钢板剪力墙结构体系等，如图 3.10—图 3.12 所示。

图 3.10　构件模块化可建模式

图 3.11　模块化钢结构盒子建筑　　　　图 3.12　钢管束组合剪力墙结构

## 3.2　钢结构应用范围

　　钢结构与其他结构类型相比，具有强度高、自重轻、韧性好、塑性好、抗震性能优越、便于生产加工、施工快速等优点，在建筑工程中应用广泛。

### 3.2.1　大跨度结构

　　结构跨度越大，自重在荷载中所占的比例就越大。减轻结构的自重会带来明显的经济效益。钢结构轻质高强的优势正好适用于大跨度结构，如体育场馆、会展中心、候车厅和机场航站楼等，如图 3.13—图 3.15 所示。钢结构所采用的结构形式有空间桁架、网架、网壳、悬索（包括斜拉体系）、张弦梁、实腹或格构式拱架和框架等。

图 3.13　国家体育场

图 3.14　国家游泳中心

图 3.15　上海浦东国际机场

### 3.2.2　工业厂房

吊车起重量较大或者工作较繁重的车间的主要承重骨架多采用钢结构。另外,有强烈辐射热的车间,也经常采用钢结构。其结构形式多为由钢屋架和阶形柱组成的门式刚架或排架(图3.16),也有采用网架作屋盖的结构形式。

图 3.16　工业厂房门式刚架

### 3.2.3　多层、高层以及超高层建筑

由于钢结构的综合效益指标优良,近年来在多、高层民用建筑中得到了广泛的应用(图

3.17、图 3.18 所示为知名的钢结构建筑)。其结构形式主要有多层框架、框架-支撑结构、框筒结构、巨型框架等。

图 3.17　芝加哥西尔斯大厦

图 3.18　上海中心大厦

### 3.2.4　高耸结构

高耸结构包括塔架和桅杆结构,如高压输电线路的塔架,广播、通信和电视发射用的塔架和桅杆,火箭(卫星)发射塔架等。埃菲尔铁塔(图 3.19)和广州新电视塔(图 3.20)就是典型的高耸结构。

图 3.19　埃菲尔铁塔

图 3.20　广州新电视塔

### 3.2.5　可拆卸结构

钢结构可以用螺栓或其他便于拆装的方式来连接,因此非常适用于需要搬迁的结构,如建筑工地、油田和野外作业的生产和生活用房的骨架等。钢筋混凝土结构施工用的模板和支架以及建筑施工用的脚手架等也大量采用钢材制作。

### 3.2.6 轻型钢结构

钢结构相对于混凝土结构重量轻,这不仅对大跨结构有利,而且对屋面活荷载特别轻的小跨结构也有优越性。当屋面活荷载特别轻时,小跨结构的自重也成为一个重要因素。冷弯薄壁型钢屋架在一定条件下的用钢量比钢筋混凝土屋架的用钢量还少。轻型钢结构的结构形式有实腹变截面门式刚架、冷弯薄壁型钢结构(包括金属拱形波纹屋盖)以及钢管结构等。

### 3.2.7 其他构筑物

此外,皮带通廊栈桥、管道支架、锅炉支架等其他钢构筑物,海上采油平台等也大都采用钢结构。

## 3.3 钢结构基本施工方法

### 3.3.1 钢结构构件的生产

钢结构构件是由钢板、角钢、槽钢和工字钢等零件或部件通过连接件连接而成的能承受和传递荷载的钢结构基本单元,如钢梁、钢柱、支撑等,如图3.21—图3.24所示。

图 3.21 钢梁

图 3.22 格构柱

图3.23　十字柱

图3.24　钢管桁架

### 1)钢材的储存

钢材应选择合适的场地储存,可露天堆放,也可堆放在有顶棚的仓库里(图3.25)。露天堆放时,保管钢材的场地表面应平整,并高于周围地面,保持清洁干净、排水通畅,不应靠近会产生有害气体或粉尘的厂矿区。堆放时要尽量使钢材截面的背面向上或向外,以免积雪、积水,两端应有高差,以利排水。堆放在有顶棚的仓库内时,钢材可直接堆放在地坪上,下垫楞木。

图3.25　钢材堆放仓库

钢材的堆放要尽量减少钢材的变形和锈蚀。在仓库堆放时,不得与酸、碱、盐、水泥等对钢材有侵蚀性的材料堆放在一起,防止接触腐蚀。不同品种的钢材应分别堆放,防止混淆。钢材堆码时,要确保码垛稳固,人工作业时的堆码高度不超过1.2 m,机械作业时的堆码高度不超过1.5 m,垛宽不超过2.5 m。堆码时每隔5~6层放置楞木,其间距以不引起钢材明显的弯曲变形为宜,楞木要上下对齐,在同一垂直面内;钢材码垛之间应留有一定宽度的通道以便运输。检查通道一般为0.5 m;出入通道视材料大小和运输机械而定,一般为1.5~2.0 m。钢材堆放现场如图3.26所示。

图 3.26　钢材堆放现场

钢材端部应树立标牌,标牌要标明钢材的规格、钢号、数量和材质验收证明书编号,标牌应定期检查;钢材端部根据其钢号涂以不同颜色的油漆。

钢材在正式入库前必须严格执行检验制度,经检验合格的钢材方可办理入库手续。钢材检验的主要内容有:钢材的数量、品种与订货合同相符;钢材的质量保证书与钢材上打印的记号相符;核对钢材的规格尺寸;钢材表面的质量检验。

对属于下列情况之一的钢材,应进行抽样复验:

①国外进口钢材;

②钢材混批;

③板厚≥40 mm,且设计有 Z 向性能要求的厚板;

④建筑结构安全等级为一级,大跨度钢结构中主要受力构件所采用的钢材;

⑤设计有复验要求的钢材;

⑥怀疑质量有问题的钢材。

**2)生产前准备**

(1)详图设计

一般设计院提供的设计图,不能直接用来加工制作钢结构,而要在考虑加工工艺,如公差配合、加工余量、焊接控制等因素后,在原设计图的基础上绘制加工制作图(又称施工详图)。详图设计一般由加工单位负责,在钢结构施工图设计之后进行,设计人员根据施工图提供的构件布置、构件截面与内力、主要节点构造及各种有关数据和技术要求、相关图纸和规范的规定,对构件的构造予以完善。根据制造厂的生产条件和现场施工条件,考虑运输要求、吊装能力和安装条件,确定构件的分段。最后将构件的整体形式、梁柱的布置、构件中各零件的尺寸和要求、焊接工艺要求以及零件间的连接方法等,详细地体现到图纸上,以便制作和安装人员通过图纸能够清楚地领会设计意图和要求,能够准确地制作和安装构件。

钢结构详图设计可通过计算机辅助实现,目前可用于钢结构详图设计的软件有 CAD、PKPM 以及 Tekla Structures 等。其中,Tekla Structures 因具备交互式建模、自动出图和自动生成各种报表等功能,逐渐成为主流软件。使用该软件设计的钢结构模型如图 3.27 所示。通过计算机辅助可实现详图设计与加工制作一体化,其发展方向是达到设计、生产的无纸化。随着设计软件的不断发展,以及生产线中数控设备的增多,可将设计产生的电子格式的图纸转换成数控加工设备所需的文件,从而实现钢结构设计与加工自动化。

(2)图纸审核

甲方委托或本单位设计的施工图下达生产车间以后,必须经专业人员认真审核。尽管

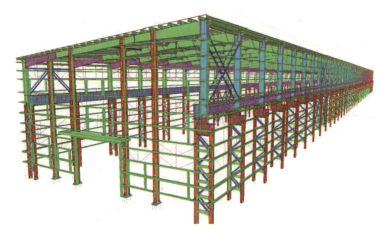

图 3.27　Tekla Structures 钢结构模型

生产厂家技术管理部门有工艺等相应技术文件下达,但与直接生产要求仍有些差距或不尽如人意之处,这些都需要在放大样前期通过审图加以解决,以避免实际投产后再发现问题,造成不必要的损失。审图期间发现施工图标注不清的问题及时向设计部门反映,以免模糊不清的标注给生产带来困难。如有的施工图只注明涂防锈漆两遍,没有注明何种防锈漆、何种颜色及漆膜厚度等,便可能因为这种不明确的标注导致返工。

图纸审核的主要内容包括以下项目:

①设计文件是否齐全(设计文件包括设计图、施工图、图纸说明和设计变更通知单等);

②构件的几何尺寸是否标注齐全;

③相关构件的尺寸是否正确;

④结点是否清楚,是否符合国家标准;

⑤标题栏内构件的数量是否符合工程数量要求;

⑥构件之间的连接形式是否合理;

⑦加工符号、焊接符号是否齐全;

⑧结合本单位的设备和技术条件考虑,能否满足图纸上的技术要求;

⑨图纸的标准化是否符合国家规定等。

图纸审查后要作技术交底准备,其内容主要有:

①根据构件尺寸考虑原材料对接方案和接头在构件中的位置;

②考虑总体的加工工艺方案及重要的工装方案;

③对构件结构的不合理处或施工有困难的地方,要与需方或者设计单位办好变更签证的手续;

④列出图纸中的关键部位或者有特殊要求的地方,加以重点说明。

(3)备料和核对

根据图纸材料表计算出各种材质、规格的材料净用量,再加一定数量的损耗,提出材料预算计划。工程预算一般可按实际用量再增加 10% 进行提料和备料。核对来料的规格、尺寸和质量,仔细核对材质;材料代用,必须经过设计部门同意并进行相应修改。

(4)编制工艺流程

编制工艺流程的原则:以最快的速度、最少的劳动量和最低的费用进行操作,并能可靠地加工出符合图纸设计要求的产品。工艺流程的内容：

①成品技术要求。

②具体措施：关键零件的加工方法、精度要求、检查方法和检查工具；主要构件的工艺流程、工序质量标准、工艺措施（如组装次序、焊接方法等）；采用的加工设备和工艺设备。编制工艺流程表（或工艺过程卡）的基本内容包括零件名称、件号、材料牌号、规格、件数、工序名称和内容、所用设备和工艺装备名称及编号、工时定额等。关键零件还要标注加工尺寸和公差，重要工序要画出工序图。

（5）组织技术交底

上岗操作人员应进行培训和考核，特殊工种应进行资格确认，充分做好各项工序的技术交底工作。技术交底按工程的实施阶段可分为两个层次。

第一个层次是开工前的技术交底会，参加的人员主要有图纸设计单位、工程建设单位、工程监理单位及制作单位的有关部门和有关人员。技术交底的主要内容：

①工程概况；

②工程结构件的类型和数量；

③图纸中关键部位的说明和要求；

④设计图纸的结点情况介绍；

⑤对钢材、辅料的要求和原材料对接的质量要求；

⑥工程验收的技术标准说明；

⑦对交货期限、交货方式的说明；

⑧构件包装和运输要求；

⑨涂层质量要求；

⑩其他需要说明的技术要求。

第二个层次是在投料加工前进行的本工厂施工人员交底会。参加人员主要包括制作单位的技术、质量负责人，技术部门和质检部门的技术人员、质检人员，生产部门的负责人、施工员及相关工序的代表人员等。此类技术交底主要内容除上述 10 条外，还应增加工艺方案、工艺规程、施工要点、主要工序的控制方法、检查方法等与实际施工相关的内容。

（6）钢结构制作的安全工作

钢结构生产效率很高，工件在空间大量、频繁地移动，各个工序中大量采用的机械设备都须进行必要的防护。因此，生产过程中的安全措施极为重要，特别是在制作大型、超大型钢结构时，更要十分重视安全事故的防范工作。进入施工现场的操作者和生产管理人员均应穿戴好劳动防护用品，按规程要求操作。对操作人员进行安全教育，特殊工种必须持证上岗。为了便于钢结构的制作和操作者的操作活动，构件宜在一定高度上测量。装配组装胎架、焊接胎架及各种搁置架等，均应与地面离开 0.4 ~ 1.2 m。构件的堆放、搁置应十分稳固，必要时应设置支撑或定位。构件堆垛不得超过两层。索具、吊具要定时检查，不得超过额定荷载。正常磨损的钢丝绳应按规定更换。所有钢结构制作中各种胎具的制造和安装均应进行强度计算，不能仅凭经验估算。生产过程中使用的氧气、乙炔、丙烷、电源等必须有安全防护措施，并定期检测密封性和接地情况。对施工现场的危险源应做出相应的标志、信号、警戒等，操作人员必须严格遵守各岗位的安全操作规程，以避免意外伤害。构件起吊应听从一个人的指挥。构件移动时,移动区域内不得有人滞留或通过。所有制作场地的安全通道必须畅通。

### 3)放样

放样是指按照施工图上的几何尺寸,以1:1比例在样板台上放出实样以求出真实形状和尺寸,然后根据实样的形状和尺寸制成样板、样杆,作为下料、弯制、铣、刨、制孔等加工的依据。放样是整个钢结构制作工艺中的第一道工序,也是非常关键的一道工序,对于一些较复杂的钢结构,这道工序是钢结构工程成败的关键。

进行一般钢结构的放样操作时,作业人员应对项目的施工图非常熟悉,如果发现有不妥之处要及时通知设计部研究解决。确认施工图纸无误后,可以采用小扁钢或者铁皮做样板和样杆,并应在样板和样杆上用油漆写明加工号、构件编号、规格,同时标注好孔直径、工作线、弯曲线等各种加工标识。此外,需要注意的是,放样要计算出现场焊接收缩量和切割、铣端等需要的加工余量。自动切割的预留余量是3 mm,手动切割为4 mm。铣端余量,剪切后加工的一般每边加3~4 mm,气割则为4~5 mm。焊接的收缩量则要根据构件的结构特点由加工工艺来决定。

放样时以1:1的比例在样板台上弹出大样。当大样尺寸过大时,可分段弹出。对一些三角形构件,如果只对其节点有要求,则可以缩小比例弹出样子,但应注意其精度。放样弹出的十字基准线,两线必须垂直。然后根据十字线逐一画出其他各个点及线,并在节点旁注上尺寸,以备复查和检查。

### 4)号料

号料就是根据样板在钢材上画出构件的实样,在材料上画出切割、铣、刨、弯曲、钻孔等加工位置,打冲孔,为钢材的切割下料作准备,如图3.28所示。号料前必须了解原材料的材质及规格,检查原材料的质量。不同规格、不同材质的零件应分别号料,并根据先大后小的原则依次号料。钢材如有较大的弯曲、凹凸不平时,应先进行矫正。尽量使宽度和长度相等的零件一起号料,需要拼接的同一种构件必须一起号料。钢板长度不够需要焊接拼接时,在接缝处必须注意焊缝的大小及形状,在焊接和矫正后再画线。当次号料的剩余材料应进行余料标识,包括余料编号、规格、材质等,以便再次使用。

图3.28 钢材号料

号料的注意事项和要求如下:

①根据料单检查清点样板和样杆,点清号料数量。号料应使用经过检查合格的样板与样杆,不得直接使用钢尺。

②准备号料的工具,包括石笔、样冲、圆规、画针、凿子等。

③检查号料的钢材规格和质量。

④不同规格、不同钢号的零件应分别号料,并依据先大后小的原则依次号料。对于需要拼接的同一构件,必须同时号料,以便拼接。

⑤号料时,同时画出检查线、中心线、弯曲线,并注明接头处的字母、焊缝代号。

⑥号孔应使用与孔径相等的圆形规孔,并打上样冲,做出标记,便于钻孔后检查孔位是否正确。

⑦弯曲构件号料时,应标出检查线,用于检查构件在加工、装焊后的曲率是否正确。

⑧号料过程中,应随时在样板、样杆上记录下已号料的数量;号料完毕,应在样板、样杆上注明并记下实际数量。

号料时,为充分利用钢材,减少余料,可以使用套料技术。将材料等级和厚度相同的零件置于同一张钢板的边框内进行合理排列的过程称为套料。传统的手工套料,就是将零件的图形按一定比例缩小,剪成纸样,然后在同样比例的钢板边框内进行合理排列,最后据此在实际钢板上进行号料。随着计算机技术的发展,逐渐开发出以自动套料软件为载体的数控套料方法,此类软件集图纸转化、自动排版、材料预算和余料管理等功能于一体,能从材料利用率、切割效率、产品成本等多个方面提高生产效益,符合可持续发展需求,日趋成为行业主流。

### 5) 切割

钢板切割方法有剪切、冲裁锯切、气割等。施工中采用哪种方法切割应根据具体要求和实际条件来定。切割后的钢板不得有分层,断面上不得有裂纹,应清除切口处的毛刺、熔渣和飞溅物。目前,常用的切割方法有机械切割、气割、等离子切割三种,其使用设备、特点及适用范围见表3.1。

表 3.1 常用切割方法的特点及其适用范围

| 类 别 | 使用设备 | 特点及适用范围 |
|---|---|---|
| 机械切割 | 剪板机<br>型钢冲剪机 | 切割速度快、切口整齐、效率高,适用于薄钢板、压型钢板、冷弯檩条的切割 |
| | 无齿锯 | 切割速度快,可切割不同形状的各类型钢、钢管和钢板;切口不光洁,噪声大;适用于锯切精度要求较低的构件或下料留有余量最后尚需精加工的构件 |
| | 砂轮锯 | 切口光滑,毛刺较薄易清除;噪声大,粉尘多;适用于切割薄壁型钢及小型钢管,切割材料的厚度不宜超过 4 mm |
| | 锯床 | 切割精度高,适用于切割各类型钢及梁、柱等型钢构件 |
| 气割 | 自动切割机 | 切割精度高、速度快,数控气割时可省去放样、画线等工序而直接切割,适用于钢板切割 |
| | 手工切割机 | 设备简单、操作方便、费用低、切口精度较差,能够切割各种厚度的钢材 |
| 等离子切割 | 等离子切割机 | 切割温度高,冲击力大,切割边质量好,变形小,可以切割任何高熔点金属,特别是不锈钢、铝、铜及其合金等 |

在我国的钢结构制造企业中,一般情况下,厚度在 12～16 mm 以下钢板的直线型切割常采用剪切的方式;气割多用于带曲线的零件及厚板的切割;各类型钢以及钢管等的下料通常采用锯割,但是对于一些中小型角钢和圆钢等也常采用剪切或气割的方法;等离子切割主要用于熔点较高的不锈钢材料及有色金属,如铜、铝等材料的切割。

剪切下料大多采用剪板机。剪板机分为脚踏式人力剪板机、机械剪板机、液压摆式剪板机等。目前我国的钢结构制作企业普遍采用的是液压摆式剪板机(图 3.29)。它能剪切各种厚度的钢板材料。

图 3.29　液压摆式剪板机

气割下料原则上采用自动气割机。目前,我国普遍采用的是数控多头火焰直条气割机(图 3.30),这种气割机能切割各种厚度的钢材,并能切割带有曲线的零件,目前使用最为广泛;在气割时,也可以使用半自动气割机和手工气割。半自动气割机是能够移动的小车式气割机(图 3.31),气割表面比较光洁,在一般情况下可不再进行切割表面的精加工。手工气割的设备主要是割炬。这三种气割方法互相配合使用,是我国钢结构制造企业比较常用的气割方法。

图 3.30　数控多头火焰直条气割机　　　　图 3.31　小车式气割机

在用传统方式进行切割下料时,切割工人已经习惯于简单地按照矩形零件的尺寸和数目顺序切割,对于切割剩下的边角余料,经常暂时堆放在一旁,日积月累就会导致剩余钢材堆积如山,锈蚀损失不计其数。由于下料的数目多,矩形件的优化排料可能性太多,优化套排计算非常复杂,再加上目前切割效率高,切割工人来不及考虑和计算优化套排,为了赶生产进度,只好放弃钢材利用率,从而导致钢材浪费更加严重。还有对无穷长卷材的切割下料,也是按照传统的顺序下料方法,进行简单的横切纵剪,很难考虑或是根本就没有考虑优化套排的问题,造成极大的钢材浪费。

在信息化时代,数控切割以其自动化、高效率、高质量和高利用率的优点,受到了中大型钢结构生产企业的青睐。所谓数控切割,是指用于控制机床或设备的工件指令(或程序),是以数字形式给定的一种新的控制方式。将这种指令提供给数控自动切割机的控制装置时,切割机就能按照给定的程序自动地进行切割。数控切割由数控系统和机械构架两大部分组成。与传统手动和半自动切割相比,数控切割通过数控系统即控制器提供的切割技术、切割工艺和自动控制技术,能有效控制和提高切割质量及切割效率。数控套料软件通过计算机绘图、零件优化套料和数控编程,有效地提高了钢材利用率,提高了切割生产准备的工作效率。但数控切割由于切割效率更高,套料编程更加复杂,如果没有使用或没有使用好优化套料编程软件(图3.32),钢材浪费就会更加严重,导致切得越快、切得越多,浪费越多。数控系统是数控切割机的心脏,如果没有使用好数控系统,或数控系统不具备应有的切割工艺和切割经验,导致切割质量问题,从而也会降低切割效率,造成钢材的浪费。新时代的钢结构生产从业人员,应有针对性地接受套料编程系统的培训,以顺应时代发展的需求。

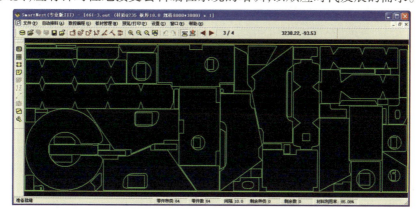

图3.32 优化套料编程软件

### 6)矫正

钢板和型材,由于受轧制时压延不均,轧制后冷却收缩不均以及运输、贮存过程中各种因素影响,常常产生波浪形、局部凹凸和各种扭曲变形。钢材变形会影响号料、切割及其他加工工序的正常进行,降低加工精度,在焊接时还会产生附加应力或因构件失稳而影响构件的强度。这就需要通过钢材矫正消除材料的这类缺陷。钢材矫正一般用多轴辊矫平机矫正钢板的变形,用型材矫直机矫正型材的变形。对于钢板指的是矫平,对于型材指的是矫直。

(1)钢板的矫正(矫平)

常用的多轴辊矫平机由上下两列工作轴辊组成,一般有5~11个工作辊。下列是主动轴辊,由轴承固定在机体上,不能作任何调节,由电动机通过减速器带动它们旋转;上列为从动轴辊,可通过手动螺杆或电动调节装置来调节上下辊列间的垂直间隙,以适应各种不同厚度钢板的矫平作业。钢板随轴辊的转动而啮入,并在上下辊列间承受方向相反的多次交变的小曲率弯曲,因弯曲应力超过材料的屈服极限而产生塑性变形,使那些较短的纤维伸长,使整张钢板矫平,如图3.33和图3.34所示。增加矫平机的轴辊数目,可以提高钢板的矫平质量。

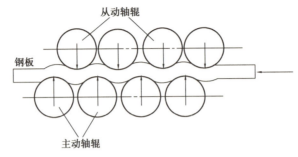

图3.33　钢材的矫平原理

图3.34　矫平机

在钢板矫平时需要注意以下几点:

①钢板越厚,矫正越容易;薄板易产生变形,矫正比较困难。

②钢板越薄,要求矫平机的轴辊数越多。矫平机的轴辊数一般为奇数。厚度在3 mm以上的钢板通常在五辊或七辊矫平机上矫正;厚度在3 mm以下的钢板,必须在九辊、十一辊或更多轴辊的矫平机上矫正。

③钢板在矫平机上往往不是一次就能矫平,而需要重复数次,直至符合要求。

④钢板切割成构件后,由于构件边缘在气割时受高温或机械剪切时受挤压而产生变形,需要进行二次矫平。

（2）型钢的矫正（矫直）

型钢主要用型材矫直机（撑床）进行矫正。机床的工作部分是由两个支撑和一个推撑组成。支撑没有动力传动,两个支撑间的间距可以根据需要进行调节。推撑安装在一个能作水平往复运动的滑块上,由电动机通过减速器带动其作水平往复运动。矫正型材时,将型材的变形段靠在两个支撑之间,使其受推撑作用力后产生反方向变形,从而将变形段矫直。型钢的矫直原理如图3.35所示。

（3）火焰矫正

在建筑钢构件的制造过程中，焊接是其主要的加工方法。由于这类钢构件的焊缝数量多、焊接填充量大，焊接变形问题难以避免。因此，在大多数建筑钢构件制造厂，火焰矫正是一道必不可少的工序。钢构件的火焰矫正是使用火焰对构件进行局部加热，使其产生压缩塑性变形，通过塑性变形部分的冷却收缩来消除变形。

火焰矫正的常见方法有三角形加热、点状加热、线状加热三种。但是需要共同注意的一点是温度的控制，因此针对不同的变形也有不同的火焰矫正方式（表3.2）。

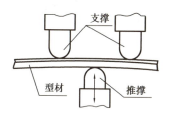

图3.35 型钢的矫直原理

表3.2 不同变形类别的火焰矫正方式

| 变形类别 | 火焰矫正方式 |
|---|---|
| 波浪变形 | 点状加热 |
| 角变形 | 线状加热 |
| 弯曲变形 | 线状加热 三角形加热 |

### 7）边缘加工

在钢结构构件制造过程中，为消除切割造成的边缘硬化而刨边，为保证焊缝质量而刨或铣坡口，为保证装配的准确及局部承压的完善而将钢板刨直或铣平，均称为边缘加工。边缘加工分铲边、刨边、铣边、碳弧气刨和坡口机加工等多种方法。

（1）铲边

对加工质量要求不高、工作量不大的边缘进行加工，可以采用铲边的方式。铲边有手工铲边和机械铲边两种。手工铲边的工具有手锤和手铲等；机械铲边的工具有风动铲锤和铲头等。一般铲边的构件，其铲线尺寸与施工图样尺寸要求不得相差1 mm。铲边后的棱角垂直误差不得超过弦长的1/3 000，且不得大于2 mm。

（2）刨边

刨边是通过安装于带钢两侧的两组刨刀，对通过其间的带钢边缘进行刨削加工。其优点是设备结构简单，运行可靠，可加工直口和坡口；缺点是对于不同板厚、加工余量和坡口形状需配置多把刨刀，形成刨刀组，刨刀调整烦琐，使用寿命较短。

用刨刀对工件的平面、沟槽或成形表面进行刨削的直线运动机床称为刨床。使用刨床加工，刀具较简单，但生产率较低（加工长而窄的平面除外），因而主要用于单件、小批量生产及机修车间。根据结构和性能，刨床主要分为牛头刨床、龙门刨床、单臂刨床及专门化刨床（如刨削大钢板边缘部分的刨边机、刨削冲头和复杂形状工件的刨模机）等。

牛头刨床（图3.36）因滑枕和刀架形似牛头而得名，刨刀装在滑枕的刀架上作纵向往复运动，多用于切削各种平面和沟槽。

龙门刨床（图3.37）因有一个由顶梁和立柱组成的龙门式框架结构而得名，工作台带着工件通过龙门框架作直线往复运动，多用于加工大平面（尤其是长而窄的平面），也用来加工沟槽或同时加工数个中小零件的平面。大型龙门刨床往往附有铣头和磨头等部件，这样就可以使工件在一次安装后完成刨、铣及磨平等工作。

图 3.36　牛头刨床

图 3.37　龙门刨床

单臂刨床具有单立柱和悬臂,工作台沿床身导轨作纵向往复运动,多用于加工宽度较大而又不需要在整个宽度上加工的工件。

（3）铣边

铣边最主要的作用是能够使拼板时的对接缝密闭。因埋弧焊焊接电流较大,为避免烧穿,一般要求拼出的板缝要小于或等于0.5 mm。但气割出来的板边或钢厂轧出的板边直接拼来的对接缝往往无法满足埋弧焊对板缝间隙的要求,这时就需要再通过铣边来达到要求。另外,也可通过铣边来加工某些需开坡口厚板的角度。

图 3.38　铣边机

铣边使用的设备是铣边机（图3.38）。作为刨边机的替代产品,铣边机具有功效高、精度高、能耗低等优点。铣边机尤其适用于钢板各种形状坡口的加工,可加工的钢板厚度一般为5～40 mm,坡口角度可在15°～50°任意调节。

（4）碳弧气刨

碳弧气刨是利用碳极电弧的高温,把金属的局部加热到液体状态,同时用压缩空气的气流把液体金属吹掉,从而达到对金属进行切割的一种加工方法。

碳弧气刨的主要应用范围:

①焊缝挑焊根工作中;

②利用碳弧气刨开坡口,尤其是U形坡口;

③返修焊件时,可使用碳弧气刨消除焊接缺陷;

④清除铸件表面的毛边、飞刺、冒口和铸件中的缺陷;

⑤切割不锈钢中、薄板;

⑥刨削焊缝表面的余高。

（5）坡口加工

坡口一般可用气割加工或机械加工,在特殊情况下采用手动气割的方法,但必须进行事后处理(如打磨等)。目前坡口加工专用机已经普及,有H型钢坡口及弧形坡口的专用机械,其效率高、精度高。焊接质量与坡口加工的精度有直接关系,如果坡口表面粗糙,有尖锐且深的缺口,就容易在焊接时产生不熔部位,会产生焊接缝隙。又如,坡口表面黏附油污,焊接时就会产生气孔和裂缝,因此要重视坡口质量。钢结构坡口如图3.39所示。

图3.39 钢结构坡口

### 8)制孔

钢结构构件制孔优先采用钻孔,当确认某些材料质量、厚度和孔径在冲孔后不会引起脆性时,允许采用冲孔。钻孔是在钻床等机械上进行,可以钻任何厚度的钢结构构件。钻孔的优点是螺栓孔孔壁损伤较小,质量较好。高强度螺栓孔应采用钻孔的方式制孔。

钻孔时一般使用平钻头,若平钻头钻不透孔,可用尖钻头。当板叠较厚、材料强度较高或直径较大时,则应使用可以降低切削力的群钻钻头,以便于排屑和减少钻头的磨损。长孔可用两端钻孔中间气割的办法加工,但孔的长度必须大于孔直径的2倍。

钢结构构件加工制造中,冲孔一般只用于冲制非圆孔及薄板孔,冲孔的孔径必须大于板厚,厚度在5 mm以下的所有普通钢结构构件允许冲孔,次要结构厚度小于12 mm的允许冲孔。在所冲孔上,不得随后施焊(槽形),除非确认材料在冲切后仍保留有相当大的韧性,才可焊接施工。一般情况下,需要在所冲的孔上再扩孔时,则冲孔必须比指定的直径小3 mm。

钢结构构件加工要求精度较高、板叠层数较多、同类孔较多时,可采用钻模制孔或预钻较小孔径、在组装时扩孔的方法。当板叠小于5层时,预钻小孔的直径小于公称直径一级(3 mm);当板叠大于5层时,小于公称直径二级(6 mm)。

制孔质量检验:

A、B级螺栓孔(Ⅰ类孔)应具有H12的精度,孔壁表面粗糙度$Ra$不应大于12.5 μm。其孔径的允许偏差应符合表3.3的规定。

表 3.3 A、B 级螺栓孔径的允许偏差

| 序号 | 螺栓公称直径、螺栓孔直径/mm | 螺栓公称直径允许偏差/mm | 螺栓孔直径允许偏差/mm | 检查数量 | 检验方法 |
|------|------|------|------|------|------|
| 1 | 10 ~ 18 | 0.00<br>-0.18 | +0.18<br>0.00 | 按钢构件数量抽查10%，且不应少于3件 | 用游标卡尺或孔径量规检查 |
| 2 | 18 ~ 30 | 0.00<br>-0.21 | +0.21<br>0.00 | | |
| 3 | 30 ~ 50 | 0.00<br>-0.25 | +0.25<br>0.00 | | |

C 级螺栓孔(Ⅱ类孔),孔壁表面粗糙度 $Ra$ 不应大于 25 μm,其孔径的允许偏差应符合表 3.4 的规定。

表 3.4 C 级螺栓孔径的允许偏差

| 项 目 | 允许偏差/mm | 检查数量 | 检验方法 |
|------|------|------|------|
| 直径 | +1.0<br>0.0 | 按钢构件数量抽查10%，且不应少于3件 | 用游标卡尺或孔径量规检查 |
| 圆度 | 2.0 | | |
| 垂直度 | $0.03t$,且不应大于2.0 | | |

注:$t$ 为较薄钢板的厚度。

### 9) 钢结构的组装

钢结构构件的组装是遵照施工图的要求,把已加工完成的各类零件或半成品构件,用装配的手段组合成为独立的成品,这种装配方法通常称为组装。钢构件的组装方法较多,有地样法、仿形复制装配法、立装、卧装及胎膜组装法等。

①地样法:用1:1的比例在装配平台上放出构件实样,然后根据零件在实样上的位置,分别组装起来成为构件。此装配方法适用于桁架、构架等小批量结构组装,对大批量的零部件组装不适用。

②仿形复制装配法:先用地样法组装成单面(片)的结构,然后点焊牢固,将其翻身,作为复制胎模,在其上面装配另一单面的结构,往返两次组装。此装配方法适用于横断面互为对称的桁架结构组装。

③立装:根据构件的特点和零件的稳定位置,选择自上而下或自下而上的装配。此法适用于放置平稳、高度不大的结构或者大直径的圆筒。

④卧装:将构件卧置进行装配。此装配方法适用于断面不大但长度较长的细长构件。

⑤胎模组装法:将构件的零件用胎模定位在其装配位置上的组装方法。此装配方法适用于批量大、精度高的产品。它的特点是装配质量高、工作效率高。

钢结构组装的方法有很多,但在实际生产中,我国钢结构制造企业较常采用地样法和胎膜组装法。对于焊接 H 型钢和箱形梁,目前国内普遍采用组立机进行组装,如图 3.40 和图 3.41 所示。

图 3.40　H 型钢组立机

图 3.41　箱形梁组立机

在钢结构构件的组装过程中,拼装必须按工艺要求的次序进行,当有隐蔽焊缝时,必须先予施焊,经检验合格方可覆盖。为减少变形,尽量采用小件组焊,经矫正后再大件组装。钢结构组装的零件、部件必须是检验合格的产品,零件、部件连接接触面和沿焊缝边缘 30 ~ 50 mm 范围内的铁锈、毛刺、污垢、冰雪、油迹等应清除干净。板材、型材的拼接应在组装前进行,构件的组装应在部件组装、焊接、矫正后进行,以便减少构件的残余应力,保证产品的制作质量。

10) 钢结构除锈

《钢结构工程施工质量验收标准》(GB 50205—2020)规定,钢结构构件的表面应平直、无损伤,表面不得有裂纹、油污、颗粒状或片状老锈。为严格施工及确保建筑寿命与质量,钢结构除锈工作至关重要。钢材除锈的方法有多种,常用的有机械除锈、抛丸喷砂除锈和化学法除锈等。

①机械除锈:主要是利用电动刷、电动砂轮等电动工具来清理钢结构表面的锈。采用工具可以提高除锈的效率,除锈效果也比较好,使用方便,一些较深的锈斑也能除去,但是在操作过程中要注意不要用力过猛以致打磨过度。

②抛丸喷砂除锈:利用机械设备的高速运转把一定粒度的钢丸靠抛头的离心力抛出,被抛出的钢丸与构件猛烈碰撞打击,从而去除钢材表面锈蚀的一种方法。该法采用抛丸除锈机(图3.42)来完成。它使用的钢丸品种有铸铁丸和钢丝切丸两种。铸铁丸(图3.43)是利用熔化的铁水在喷射并急速冷却的情况下形成的粒度为0.8～5 mm的铁丸,表面很圆整,成本相对便宜但耐用性稍差。在抛丸过程中,经反复撞击的铁丸会被粉碎而当作粉尘排出。钢丝切丸(图3.44)是用废旧钢丝绳的钢丝切成2 mm的小段而成,其表面带有尖角,除锈效果相对高且不易破碎,使用寿命较长,但价格相对较高。后者的抛丸表面更粗糙一些。

图3.42　抛丸除锈机

图3.43　铸铁丸

图3.44　钢丝切丸

喷砂除锈是利用高压空气带出喷料(石榴石砂、铜矿砂、石英砂、金刚砂、铁砂、海砂)喷射到构件表面,从而除锈的一种方法。这种方法效率高、除锈彻底,是比较先进的除锈工艺。除锈过程完全靠人工操作(图3.45),除锈后的构件表面粗糙度小,不易达到摩擦系数的要求。需要注意的是,海砂在使用前应去除其盐分。

③化学法除锈:利用酸与金属氧化物发生化学反应,从而除掉金属表面的锈蚀产物的一种除锈方法,即通常所说的酸洗除锈。除锈过程:将特制的钢铁除锈剂通过浸泡、涂刷、喷雾等方法渗入锈层内,溶解顽固的氧化物、沉积物、渣垢等,除锈完成后将处理过的钢材用清水冲洗干净即可。

图3.45 人工喷砂除锈

### 11)钢结构的涂装

为了克服钢结构容易腐蚀、防火性能差的缺点,需在钢结构构件表面进行涂装保护,以延长钢结构的使用寿命、增加安全性能。钢结构的涂装分为防腐涂装和防火涂装。钢结构的涂装应在钢结构构件制作安装验收合格后进行,涂刷前应采取适当的方法将需要涂装部位的铁锈、焊缝药皮、焊接飞溅物、油污、尘土等杂物清除干净。

（1）防腐涂装

钢结构防腐漆宜选用醇酸树脂、氯化橡胶、环氧树脂、有机硅等品种。一般钢结构施工图中有明确规定,应严格按照施工图要求选购防腐漆。防腐漆应配套使用,涂膜应由底漆、中间漆和面漆构成。底漆应具有较好的防锈性能和较强的附着力;中间漆除具有一定的底漆性能外,还兼有一定的面漆性能;面漆直接与腐蚀环境接触,应具有较强的防腐蚀能力和耐候、抗老化能力。常用防腐漆见表3.5。

表3.5 常用防腐漆

| 名 称 | 型 号 | 性 能 | 适用范围 | 配套要求 |
|---|---|---|---|---|
| 红丹油性防锈漆 | Y53-1 | 防锈能力强,漆膜坚韧,施工性能好,但干燥较慢。 | 适用于室内外钢结构表面防锈打底用,但不能用于有色金属铝、锌等表面,因红丹能与铝、锌起电化学作用 | 与油性磁漆、酚醛磁漆和醇酸磁漆配套使用,不能与过氯乙烯漆配套 |
| 铁红油性防锈漆 | Y53-2 | 附着力强,防锈性能次于红丹油性防锈漆,耐磨性差 | 适用于防锈要求不高的钢结构表面 | 与酯胶磁漆、酚醛磁漆配套使用 |
| 红丹酚醛防锈漆 | F53-1 | 防锈性能好,漆膜坚固,附着力强,干燥较快 | 同红丹油性防锈漆 | 与酚醛磁漆、醇酸磁漆配套使用 |
| 铁红酚醛防锈漆 | F53-3 | 附着力强,漆膜较软,耐磨性差,防锈性能低于红丹酚醛防锈漆 | 适用于防锈要求不甚高的钢结构表面防锈打底 | 与酚醛磁漆配套使用 |

续表

| 名　称 | 型　号 | 性　能 | 适用范围 | 配套要求 |
|---|---|---|---|---|
| 红丹醇酸防锈漆 | C53-1 | 防锈性能好,漆膜坚固,附着力强,干燥较快 | 同红丹油性防锈漆 | 与醇酸磁漆、酚醛磁漆、酯胶磁漆配套使用 |
| 铁红醇酸底漆 | C06-1 | 具有良好的附着力和防锈能力,在一般气候条件下,耐久性好,但在湿热性气候和潮湿条件下,耐久性较差 | 适用于一般钢结构表面防锈打底 | 与醇酸磁漆、硝基磁漆和过氯乙烯漆等配套使用 |
| 各色硼钡酚醛防锈漆 | F53-9 | 具有复合的抗大气腐蚀性能,干燥快,施工方便,正逐步代替一部分红丹防锈漆 | 适用于室内外钢结构表面防锈打底 | 与酚醛磁漆、醇酸磁漆配套使用 |
| 乙烯磷化底漆 | X06-1 | 对钢材表面的附着力极强,漆料中的磷酸盐可使钢材表面形成钝化膜,延长有机涂层的寿命 | 适用于钢结构表面防锈打底,可省去磷化或钝化处理,不能代替底漆使用;只能与一些底漆品种(如过氯乙烯底漆等)配套使用,增加这些涂层的附着力 | 不能与碱性涂料配套使用 |
| 铁红过氧乙烯底漆 | G06-4 | 有一定的防锈性及耐化学性,但对钢材的附着力不太好,若与乙烯磷化底漆配套使用,能耐海洋性和湿热气候 | 适用于沿海地区和湿热条件下的钢结构表面防锈打底 | 与乙烯磷化底漆和过氯乙烯防腐漆配套使用 |
| 铁红环氧酯底漆 | H06-2 | 漆膜坚韧耐久,附着力强,耐化学腐蚀,绝缘性好,如与磷化底漆配套使用,可提高漆膜的防潮、防盐雾及防锈性能 | 适用于沿海地区和湿热条件下的钢结构表面防锈打底 | 与磷化底漆和环氧磁漆、环氧防腐漆配套使用 |

（2）防火涂装

防火涂料是以无机黏合剂与膨胀珍珠岩、耐高温硅酸盐材料等吸热、隔热及增强材料合成的一种防火材料,喷涂于钢结构构件表面,形成可靠的耐火隔热保护层,以提高钢结构构件的耐火性能。现行规范《钢结构防火涂料》（GB14907—2018）对防火涂料进行了如下分类。

• 按火灾防护对象分类:

①普通钢结构防火涂料:用于普通工业与民用建(构)筑物钢结构表面的防火涂料。

②特种钢结构防火涂料:用于特殊建(构)筑物(如石油化工设施、变配电站等)钢结构表面的防火涂料。

● 按使用场所分类:

①室内钢结构防火涂料:用于建筑物室内或隐蔽工程的钢结构表面的防火涂料。

②室外钢结构防火涂料:用于建筑物室外或露天工程的钢结构表面的防火涂料。

● 按分散介质分类:

①水基性钢结构防火涂料:以水作为分散介质的钢结构防火涂料。

②溶剂性钢结构防火涂料:以有机溶剂作为分散介质的钢结构防火涂料。

● 按防火机理分类:

膨胀型钢结构防火涂料:涂层在高温时膨胀发泡,形成耐火隔热保护层的钢结构防火涂料;非膨胀型钢结构防火涂料:涂层在高温时不膨胀发泡,其自身成为耐火隔热保护层的钢结构防火涂料。

**12)钢结构构件的预拼装**

由于受运输、安装设备能力的限制,或者为了保证安装的顺利进行,在工厂里将多个成品构件按设计要求的空间设置试装成整体,以检验各部分之间的连接状况,称为预拼装。

图3.46 钢结构构件的预拼装

预拼装一般分平面预拼装和立体预拼装两种形式,如图3.46所示。拼装的构件应处于自由状态,不得强行固定。预拼装检验合格后,应在构件上标注上下定位中心线、标高基准线、交线中心点等必要标记,必要时焊上临时撑件和定位器等。其允许偏差应符合相应的规定。

预拼装方法分为平装法、立拼拼装法和模具拼装法。

(1)平装法

平装法操作方便,不需要稳定加固措施,不需要搭设脚手架,由于焊缝焊接大多为平焊缝,焊接操作简易,对焊工的技术要求不高,焊缝质量易于保证,且校正及起拱方便、准确。平装法适用于拼装跨度较小、构件相对刚度较大的钢结构,如长度18 m以内钢柱、跨度6 m以内天窗架及跨度21 m以内的钢屋架的拼装。

(2)立拼拼装法

立拼拼装法可一次拼装多个构件,块体占地面积小,不用铺设或搭设专用拼装操作平台或枕木墩,节省材料和工时;由于拼装过程无须翻身工序,质量易于保证,不用增设专供块体翻身、倒运、就位、堆放的起重设备,也缩短了工期;块体拼装连接件或节点的拼接焊缝可两边对称施焊,可防止预制构件连接件或钢构件因节点焊接变形而使整个块体产生侧弯。但立拼拼装时需搭设一定数量的稳定支架,块体校正、起拱较难,钢构件的连接节点及预制构件的连接件的焊接立缝较多,也增加了焊接操作的难度。

(3)模具拼装法

模具是指符合工件几何形状或轮廓的模型(内模或外模)。用模具来拼装组焊钢结构,具有产品质量好、生产效率高等许多优点。对成批的板材结构、型钢结构,应当考虑采用模具进行组装。桁架结构的装配模往往是以两点连直线的方法制成,其结构简单、使用效果好。

近年来,计算机应用蓬勃发展,尤其是BIM应用以来,计算机模拟预拼装技术(图3.47)应运而生,为解决预拼装问题提供了新的途径。自动化预拼装工序一般如下:

①由全站仪测量或3D扫描仪测量等测量技术得到构件孔位的三维坐标;

②将此三维坐标进行编号整理,建立局部坐标系下构件实测模型;

③由设计图纸建立结构整体坐标系下理论位置模型(孔位理论坐标);

④将构件实测模型导入计算机程序,由程序自动进行试拼装计算,得到实测构件模型与结构理论模型的孔位偏差,即试拼装偏差;

⑤对结果进行分析整理,根据工程实际情况进行位置调整或构件加工。

图3.47　钢结构的模拟预拼装

## 3.3.2　钢结构构件的吊装

### 1)起重机械

在钢结构工程施工中,应合理选择吊装起重机械。起重机械类型应综合考虑结构的跨度、高度、构件质量和吊装工程量,施工现场条件,本企业和本地区现有起重设备状况,工期要求,施工成本要求等诸多因素后进行选择。常见的起重机械有汽车式起重机、履带式起重机和塔式起重机等。

工程中根据具体情况选用合适的起重机械。所选起重机的三个工作参数,即起重量、起重高度和工作幅度(回转半径),均必须满足结构吊装要求。

(1)汽车式起重机

汽车式起重机是利用轮胎式底盘行走的动臂旋转起重机,如图3.48所示。它是把起重机构安装在加重型轮胎和轮轴组成的特制底盘上的一种全回转式起重机。其优点:轮距较宽、稳定性好、车身短、转弯半径小,可在360°范围内工作。但其行驶时对路面要求较高,行驶速度较一般汽车慢,且不适于在松软泥泞的地面上工作,通常用于施工地点位于市区或工程量较小的钢结构工程中。

（2）履带式起重机

履带式起重机是将起重作业部分安装在履带底盘上，行走依靠履带装置的流动性起重机，如图3.49所示。履带式起重机接地面积大、对地面压力较小、稳定性好、可在松软泥泞地面作业，且其牵引系数高、爬坡度大，可在崎岖不平的场地上行驶。履带式起重机适用于比较固定的、地面条件较差的工作地点和吊装工程量较大的普通单层钢结构。

（3）塔式起重机

塔式起重机分为固定式塔式起重机、移动式塔式起重机、自升式塔式起重机等。其主要特点：工作高度高，起身高度大，可以分层分段作业；水平覆盖面广；具有多种工作速度、多种作业性能，生产效率高；驾驶室高度与起重臂高度相同，视野开阔；构造简单，维修保养方便。塔式起重机是钢结构工程中使用较广泛的起重机械，特别适用于吊装高层或超高层钢结构。

图3.48　汽车式起重机　　　　　图3.49　履带式起重机

**2）吊具、吊索和机具**

行业内习惯把用于起重吊运作业的刚性取物装置称为吊具，把系结物品的挠性工具称为索具或吊索，把在工程中使用的由电动机或人力通过传动装置驱动带有钢丝绳的卷筒或环链来实现载荷移动的机械设备称为机具。

（1）吊具

①吊钩：起重机械上重要取物装置之一，如图3.50所示。

　　　　　　　　　　　　　（a）U形卸扣　　　　　（b）弓形卸扣

图3.50　吊钩　　　　　　　　图3.51　卸扣

②卸扣:由本体和横销两大部分组成,根据本体的形状又可分为 U 形卸扣和弓形卸扣,如图 3.51 所示。卸扣可作为端部配件直接吊装物品或构成挠性索具连接件。

③索具套环:钢丝绳索扣(索眼)与端部配件连接时,为防止钢丝绳扣弯曲半径过小而造成钢丝绳弯折损坏,应镶嵌相应规格的索具套环,如图 3.52 所示。

图 3.52　索具套环

④钢丝绳绳卡:也称为钢丝绳夹、线盘、夹线盘、钢丝卡子、钢丝绳轧头,主要用于钢丝绳的临时连接和钢丝绳穿绕的固定,如图 3.53 所示。

图 3.53　钢丝绳绳卡

⑤钢板类夹钳:为了防止钢板锐利的边角与钢丝绳直接接触,损坏钢丝绳,甚至割断钢丝绳,在钢板吊运场合多采用各种类型钢板类夹钳(图 3.54)来完成吊装作业。

⑥吊横梁:也称为吊梁、平衡梁和铁扁担(图 3.55),主要用于水平吊装中避免吊物受力点不合理造成损坏或过大的弯曲变形给吊装造成困难等情况。吊横梁根据吊点不同可分为固定吊点型和可变吊点型,根据主体形状不同可分为一字形和工字形等。

图 3.54　钢板类夹钳　　　　　　　图 3.55　吊横梁

(2)吊索

①钢丝绳:一般由数十根高强度碳素钢丝先绕捻成股,再由股围绕特制绳芯绕捻而成。钢丝绳具有强度高、耐磨损、抗冲击等优点且有类似绳索的挠性,是起重作业中使用最广泛

的工具之一。

②白棕绳:以剑麻为原料捻制而成。其抗拉力和抗扭力较强,耐磨损、耐摩擦、弹性好,在突然受到冲击载荷时也不易断裂。白棕绳主要用作受力不大的缆风绳、溜绳等,也有的用于起吊轻小物件。

(3)机具

①手拉葫芦:又称为起重葫芦、吊葫芦,如图3.56所示。其使用安全可靠、维护简单、操作简便,是比较常用的起重工具之一。手拉葫芦工作级别,按其使用工况分为Z级(重载,频繁使用)和Q级(轻载,不经常使用)。

②卷扬机:在工程中使用的由电动机通过传动装置驱动带有钢丝绳的卷筒来实现载荷移动的机械设备,如图3.57所示。卷扬机按速度可分为高速、快速、快速溜放、慢速、慢速溜放和调速六类,按卷筒数量可分为单卷筒和双卷筒两类。

图3.56　手拉葫芦　　　　　　图3.57　卷扬机

③千斤顶:用比较小的力就能把重物升高、降低或移动的简单机具。其结构简单,使用方便,承载能力为1~300 t。千斤顶分为机械式和液压式两种,如图3.58所示。机械式千斤顶又分为齿条式和螺旋式两种。机械式千斤顶起重量小,操作费力,适用范围较小;液压式千斤顶结构紧凑,工作平稳,有自锁作用,故被广泛使用。

(a)机械式千斤顶　　　　　　　　　(b)液压式千斤顶

图3.58　千斤顶

### 3)钢结构构件的验收、运输、堆放

(1)钢结构构件的验收

钢结构构件加工制作完成后,应按照施工图和《钢结构工程施工质量验收标准》(GB

50205—2020)的规定进行验收。钢结构构件出厂时,应提供下列资料:

①产品合格证及技术文件。

②施工图和设计变更文件。

③制作中技术问题处理的协议文件。

④钢材、连接材料、涂装材料的质量证明或试验报告。

⑤焊接工艺评定报告。

⑥高强度螺栓摩擦面抗滑移系数试验报告、焊缝无损检验报告及涂层检测资料。

⑦主要构件检验记录。

⑧预拼装记录。由于受运输、吊装条件的限制以及设计的复杂性,有时构件要分两段或若干段出厂,为了保证工地安装的顺利进行,根据需要可在出厂前进行预拼装。

⑨构件发运和包装清单。

(2)钢结构构件的运输

发运的构件,单件超过 3 t 的,宜在易见部位用油漆标上质量及重心位置的标志,以免在装、卸车和起吊过程中损坏构件;节点板、高强度螺栓连接面等重要部分要有适当的保护措施,零星部件等要按同一类别用螺栓和铁丝紧固成束或包装发运。

大型或重型构件的运输应根据行车路线、运输车辆的性能、码头状况、运输船只来编制运输方案。在运输方案中,构件的运输顺序要着重考虑吊装工程的堆放条件、工期要求等因素。

运输构件时,应根据构件的长度、质量、断面形状选用车辆;构件在运输车辆上的支点、两端伸长的长度及绑扎方法均应保证构件不产生永久变形、不损伤涂层。构件起吊必须按设计吊点起吊,不得随意更改。公路运输装运的高度极限为 4.5 m;如需通过隧道,则高度极限为 4 m;构件伸出车身长度不得超过 2 m。

(3)钢结构构件的堆放

构件一般要堆放在工厂或施工现场的堆放场。构件堆放场地应平整坚实,无水坑、冰层,地面干燥,有较好的排水设施,同时有供车辆进出的出入口。

构件应按种类、型号、安装顺序划分区域,竖标志牌。构件底层垫块要有足够的支承面,不允许垫块有大的沉降量,堆放的高度应有计算依据——以最下面的构件不产生永久变形为准,不得随意堆高。钢结构产品不得直接置于地上,要垫高 200 mm。在堆放中,发现有不合格的变形构件,则要严格检查,进行矫正,然后再堆放。不得把不合格的变形构件堆放在合格的构件中,否则会大大地影响安装进度。

对于已堆放好的构件,要派专人汇总资料,建立完善的进出场动态管理制度,严禁乱翻、乱移。同时对已堆放好的构件进行适当保护,避免风吹雨打、日晒夜露。不同类型的钢构件一般不堆放在一起。同一工程的钢构件应分类堆放在同一区域,便于装车发运。

### 4)钢结构构件的安装

(1)钢柱安装

①安装前检查。在进行钢柱安装前,应按设计要求对建筑物的定位轴线、基础轴线和标高、地脚螺栓位置等进行检查,并办理交接验收。

②钢柱起吊。钢柱的吊装利用钢柱上端吊耳进行起吊,起吊时钢柱的根部要垫实,根部

不离地,通过吊钩起升与变幅及吊臂回转,逐步将钢柱扶直,待钢柱基本停止晃动后再继续提升,将钢柱吊装到位;不允许吊钩斜着直接起吊构件。

③首节钢柱的安装。首节钢柱安装于±0.00 m混凝土基础上,钢柱安装前先在每根地脚螺栓上拧上螺母,螺母面的标高应为钢柱底板的底面标高。将柱及柱底板吊装就位后,在复测底板水平度和柱子垂直度时,通过微调螺母的方式调整标高,直至符合要求为止。

④上部钢柱的安装。上部钢柱吊装前,先在柱身上绑好爬梯,柱顶拴好缆风绳,吊升到位后,首先将柱身中心线与下节柱的中心线对齐,四面兼顾,再利用安装连接板进行钢柱对接,拧紧连接螺栓,四面拉好缆风绳并解钩。

⑤钢柱的矫正。首先通过水准仪将标高点引测至柱身,将钢柱标高调校到规范规定的范围后,再进行钢柱垂直度校正。钢柱校正时应综合考虑轴线、垂直度、标高、焊缝间隙等因素,全面兼顾,每个分项的偏差值都要符合设计及规范要求。

(2)钢梁安装

①钢框架梁安装采用两点吊,就位后先用冲钉将螺栓孔眼卡紧,穿入安装螺栓(其数量不得少于螺栓总数的1/3)。安装连接螺栓时,严禁在情况不明的情况下任意扩孔,连接板必须平整。部分需焊接的平台梁在安装时,要根据焊缝收缩量预留焊缝变形量。每当一节梁吊装完毕,即须对已吊装的梁再次进行误差校正,校正时须与钢柱的校正配合进行。当梁校正完毕后,用大六角高强度螺栓临时固定;对整个框架校正及焊接完毕后,最终紧固高强度螺栓。框架梁安装可采取一吊多根的方式,梁间距应考虑操作安全。

②屋面梁的特点是跨度大(即构件长),侧向刚度很小,为了确保质量、安全,提高生产效率,降低劳动强度,根据现场条件和起重设备能力,最大限度地扩大地面拼装工作量,将地面组装好的屋面梁吊起就位,并与柱连接。可选用单机两点、三点起吊或用铁扁担以减小索具产生的对梁的压力。

③钢吊车梁可采用专用吊耳吊装或用钢丝绳绑扎吊装。钢吊车梁的校正主要包括标高调整、纵横轴线(直线度、轨距)调整和垂直度调整。钢吊车梁的矫正应在一跨(即两排吊车梁)全部吊装完毕后进行。

(3)压型钢板安装

①压型钢板铺设的重点是边、角的处理。四周边缘搭接宽度按设计尺寸,并应认真作业以保证质量。边、角处理前,应认真、仔细地制作边、角样板,然后再下料切角。

②压型钢板如有弯曲、微损,应用木锤、扳手修复,严重破损、镀锌层严重脱落的则应废弃。

③铺放前应对钢梁进行清理,要求无油污、铁锈、干燥、清洁。放板应按预先画好的位置进行,严格做到边铺板边点焊固定,两板沟肋要对准、平直。

④压型钢板作为永久性支承模板,应十分重视两板搭接处的质量,搭接长度不少于5 cm,以保证其牢固度。

⑤安装前检查边模板是否平直,有无波浪形变形,垂直偏差是否在50 mm以内,对不符合要求的要进行校正。

(4)网架结构安装

①高空散装法:运输到现场的运输单元体(平面桁架或锥体)或散件,用起重机械吊升到

高空对位拼装成整体结构的方法。该法适用于螺栓球或高强度螺栓连接节点的网架结构。高空散装法有全支架法(满堂脚手架)和悬挑法两种。全支架法多用于散件拼装;而悬挑法则多用于小拼单元在高空总拼情况,或者球面网壳三角形网格的拼装。

②分条分块法:是高空散装法的组合扩大。为适应起重机械的起重能力和减少高空拼装工作量,将屋盖划分为若干个单元,在地面拼装成条状或块状组合单元体后,用起重机械或设在双肢柱顶的起重设备(钢带提升机、升板机等)垂直吊升或提升到设计位置上,拼装成整体网架结构的安装方法。

③高空滑移法:分条的网架单元在事先设置的滑轨上单条滑移到设计位置拼接成整体的安装方法。此条状单元可以在地面拼成后用起重机吊至支架上,在设备能力不足或其他因素存在时,也可用小拼单元甚至散件在高空拼装平台上拼成条状单元。高空支架一般设在建筑物一端。滑移时网架的条状单元由一端滑向另一端。

④整体吊升法:将网架结构在地上错位拼装成整体,然后用起重机吊升超过设计标高,空中移位后落位固定。此法不需要搭设高的拼装架,高空作业少,易于保证接头焊接质量,但需要起重能力大的设备,吊装技术也复杂。此法以吊装焊接球节点网架为宜,尤其适用于三向网架的吊装。

⑤整体顶升法:可以利用原有结构柱作为顶升支架,也可另设专门的支架或用枕木垛垫高。整体顶升法的千斤顶安置在网架的下面,在顶升过程中应采取导向措施,以免发生网架偏移。整体顶升法适用于点支承网架,在顶升过程中只能垂直地上升,不能或不允许平移或转动。

### 3.3.3　钢结构构件的连接

钢结构是由若干构件组合而成的。连接的作用就是通过一定的方式将板材或型钢组合成构件,或将若干个构件组合成整体结构,以保证其共同工作。因此,连接在钢结构中处于重要的枢纽地位,连接的方式及其质量优劣直接影响钢结构的工作性能。钢结构的连接必须符合安全可靠、传力明确、构造简单、制造方便和节约钢材的原则。连接接头应有足够的强度,要有适宜于实施连接的足够空间。

钢结构的连接方法可分为焊接连接、螺栓连接和铆钉连接等。铆钉连接由于构造复杂,费钢费工,现已很少采用,此处不再赘述。

#### 1)焊接连接

焊接连接(图3.59)是目前最主要的连接方式。其优点主要有:不需要在钢材上打孔钻眼,既省工省时,又不使材料的截面积受到减损,可以使材料得到充分利用;任何形状的构件都可以直接连接,一般不需要辅助零件;连接构造简单,传力路线短,适用面广;气密性和水密性都较好,结构刚性也较大,结构的整体性好。但是,焊接连接也存在缺点:由于高温作用在焊缝附近形成热影响区,钢材的金相组织和机械性能发生变化,材质变脆;焊接残余应力使结构发生脆性破坏的可能性增大,并降低压杆的稳定承载力,同时残余变形还会使构件尺寸和形状发生变化,矫正费工;焊接结构具有连续性,局部裂缝一经产生便很容易扩展到整体。

图 3.59　焊接连接

因此,设计、制造和安装时应尽量采取措施,避免或减少焊接连接的不利影响,同时必须按照《钢结构工程施工质量验收标准》(GB 50205—2020)中对焊缝质量的规定进行检查和验收。

焊缝质量检验一般可用外观检查及内部无损检验两种。前者检查外观缺陷和几何尺寸,后者检查内部缺陷。内部无损检验目前广泛采用超声波探伤(图 3.60)。该方法使用灵活、经济,对内部缺陷反应灵敏,但不易识别缺陷性质。内部无损检验有时还可用磁粉检验。该方法以荧光检验等较简单的方法作为辅助。此外,还可采用 X 射线或 γ 射线透照或拍片来进行内部无损检验。

图 3.60　超声波探伤

《钢结构工程施工质量验收标准》(GB 50205—2020)规定,焊缝按其检验方法和质量要求分为一级、二级和三级。三级焊缝只要求对全部焊缝作外观检查且符合三级质量标准;设计要求全焊透的一级、二级焊缝则除外观检查外,还要求用超声波探伤进行内部缺陷的检验,超声波探伤不能对缺陷作出判断时,还应采用射线探伤检验,并应符合国家相应质量标准的要求。

目前,应用最多的焊接连接方法有手工电弧焊和自动(或半自动)埋弧焊,此外还有气体保护焊和电渣压力焊等。

(1)手工电弧焊

手工电弧焊(图 3.61)是一种常见的焊接方法,通电后,在涂有药皮的焊条和焊件间产生电弧,电弧产生热量熔化焊条和母材形成焊缝。手工电弧焊的优点是设备简单,操作灵活方便,适于任意空间位置的焊接,特别适于焊接短焊缝;但由于需要焊接工人手工操作施焊,生产效率低,劳动强度大,焊接质量取决于焊工的精神状态与技术水平,质量波动大。

手工电弧焊选用的焊条应与焊件钢材相适应。如对 Q235 钢采用 E43 型焊条(E4300 ~ E4328),对 Q355 钢采用 E50 型焊条(E5000 ~ E5048),对 Q390 钢和 Q420 钢采用 E55 型焊条(E5500～E5518)。焊条型号中字母 E 表示焊条(Electrode),前两位数字为熔融金属的最小抗拉强度(单位为 $N/mm^2$),后两位数字表示适用焊接位置、电流种类及药皮类型等。当不同钢种的钢材进行焊接时,宜采用与低强度钢材相适应的焊条。

(2)自动(或半自动)埋弧焊

埋弧焊是电弧在焊剂层下燃烧的一种电弧焊方法。焊丝送进和电弧移动有专门机构控制的,称自动埋弧焊(图3.62);焊丝送进有专门机构控制而电弧移动靠工人操作的,称为半自动埋弧焊。

图3.61　手工电弧焊　　　　　　　图3.62　自动埋弧焊

埋弧焊由于具有生产效率高、焊接质量好、机械化程度高、劳动条件好、节约金属及电能等诸多优点,符合目前工业化生产的需求,是目前钢结构生产企业运用最广泛的焊接方法,特别是在中厚板、长焊缝的焊接时有明显的优越性。

图3.63　电渣压力焊

(3)气体保护焊

气体保护焊也属于电弧焊的一种。其原理是利用惰性气体或二氧化碳气体作为保护介质,在电弧周围造成局部的保护层,使被熔化的钢材不与空气接触。气体保护焊的焊缝熔化区没有熔渣,焊工能够清楚地看到焊缝成型的过程。由于保护气体是喷射的,有助于熔滴的过渡;又由于热量集中,焊接速度快,焊件熔深大,因此所形成的焊缝强度比手工电弧焊高,塑性和抗腐蚀性好,适用于全位置的焊接,但其不适用于在风较大的地方施焊。

(4)电渣压力焊

电渣压力焊是一种高效熔化焊方法,如图3.63所示。它利用电流通过高温液体熔渣产生的电阻热作为热源,将被焊的工件(钢板、铸件、锻件)和填充金属(焊丝、熔嘴、板极)熔化,而熔化金属以熔滴状通过渣池,汇集于渣池下部形成金属熔池。由于填充金属的不断送进和熔化,金属熔池不断上升,熔池下部金属逐渐远离热源,逐渐凝固形成焊缝。电渣压力焊特别适用于大厚度焊件的焊接和焊缝处于垂直位置的焊接。

### 2)螺栓连接

螺栓连接分为普通螺栓连接和高强度螺栓连接两种,如图3.64所示。

图 3.64    钢结构螺栓连接

（1）普通螺栓连接

钢结构中采用的普通螺栓为大六角头型，其代号用字母 M 和公称直径（单位为 mm）表示。工程中常用 M18、M20、M22、M24 等型号。按国际标准，螺栓统一用螺栓的性能等级来表示，如"4.6 级""8.8 级"等。小数点前数字表示螺栓材料的最低抗拉强度，如"4"表示 400 N/mm²，"8"表示 800 N/mm²；小数点后的数字（如 0.6,0.8）表示螺栓材料的屈强比，即屈服点与最低抗拉强度的比值。

根据螺栓的加工精度，普通螺栓又分为 A、B、C 三级。

C 级螺栓由未经加工的圆钢压制而成。由于螺栓表面粗糙，一般采用在单个零件上一次冲成或不用钻模钻成的孔（Ⅱ类孔）。螺栓孔的直径比螺栓杆的直径大 1.5~3 mm。对于采用 C 级螺栓的连接，由于螺杆与栓孔之间有较大的间隙，受剪力作用时，将会产生较大的剪切滑移，连接变形大，但安装方便，且能有效地传递拉力，故一般可用于沿螺栓杆轴受拉的连接中，以及次要结构的抗剪连接或安装时的临时固定。A、B 级精制螺栓是由毛坯在车床上经过切削加工精制而成。其表面光滑，尺寸准确，螺杆直径与螺栓孔径相同，但螺杆直径仅允许负公差，螺栓孔直径仅允许正公差，对成孔质量要求高。由于 A、B 级螺栓有较高的精度，因而受剪性能好，但其制作和安装复杂，价格较高，已很少在钢结构中采用。

（2）高强度螺栓连接

高强度螺栓性能等级有 8.8 级和 10.9 级，分大六角头型和扭剪型两种。安装时通过特别的扳手，以较大的扭矩上紧螺帽，使螺杆产生很大的预拉力。高强度螺栓的预拉力把被连接的部件夹紧，使部件的接触面间产生很大的摩擦力，外力通过摩擦力来传递。

高强度螺栓连接按设计和受力要求可分为摩擦型和承压型两种。

摩擦型连接依靠连接板件间的摩擦力来承受荷载。螺栓孔壁不承压，螺杆不受剪，连接变形小，连接紧密，耐疲劳，易于安装，在动力荷载作用下不易松动，特别适用于随动荷载的结构。

承压型连接在连接板间的摩擦力被克服，节点板发生相对滑移后依靠孔壁承压和螺栓受剪来承受荷载。承压型连接的承载力高于摩擦型，连接紧凑，但剪切变形大，不得用于承受动力荷载的结构中。

## 3.4 钢结构施工质量控制

施工质量控制是一个全过程的系统控制过程,根据工程实体形成的时间段,钢结构工程的质量控制应从原材料进场、加工预制、安装焊接、尺寸检查等几个方面着手,特别要做好施工前预控及施工过程中质量巡检等工作。在施工监理工作中,对人员、机械、材料、方法、环境5个主要影响因素进行全面控制。本节主要根据《钢结构工程施工质量验收标准》(GB 50205—2020)等国家规范,阐述钢结构施工各流程质量控制要点以及常见质量通病的原因和控制措施。

### 3.4.1 钢结构工程施工前的质量控制要点

#### 1) 核查施工图和施工方案

认真审核施工图纸,对钢柱的轴线尺寸和钢梁标高等与基础轴线尺寸进行核对,理解设计意图,掌握设计要求,参加图纸会审和设计交底会议,会同各方把设计差错消除在施工之前;认真审阅施工单位编制的施工技术方案,由专业监理工程师进行初审,总监理工程师批准,审批程序要合规。

#### 2) 核查加工预制和安装检测用的计量器具

核查加工预制和安装检测用的计量器具是否进行了检定,状态是否良好;检查承包单位专职测量人员的岗位证书及测量设备检定证书;复核控制桩的校核成果、保护措施以及平面控制网、高程控制网和临时水准点的测量成果。

#### 3) 核查资质文件

核查钢结构质量和技术管理人员资质,以及质量和安全保证体系是否健全。对质量管理体系、技术管理体系和质量保证体系应审核以下内容:质量管理、技术管理和质量保证的组织机构;质量管理、技术管理制度;专职管理人员和特种作业人员的资格证、上岗证。

#### 4) 材料进场的质量检查

钢结构用钢材及焊接填充材料的选用应符合设计图的要求,并应有钢厂和焊接材料厂出具的质量证明书或检验报告;其化学成分、力学性能和其他质量要求必须符合国家现行标准规定。当采用其他钢材和焊接材料替代设计选用的材料时,必须经原设计单位同意。

当钢材表面有锈蚀、麻点或划痕等缺陷时,其深度不得大于钢材厚度允许负偏差的1/2,且不应大于0.5 mm;同时检查钢材表面的平整度、弯曲度和扭曲度等是否符合规范要求;所有的连接件均应进行标记,焊材按规定进行烘干。

### 3.4.2　钢结构施工过程中的质量控制要点

#### 1) 钢结构安装控制要点

①钢结构构件在安装前应对其表面进行清洁,保证安装构件表面干净,结构主要表面不应有疤痕、泥沙等污垢。钢结构安装前要求施工单位做好工序交接的同时,还要求施工单位对基础做好下列工作:

a. 基础表面应有清晰的中心线和标高标记,基础顶面凿毛;

b. 基础施工单位应提交基础测量记录,包括基础位置及方位测量记录。

②钢柱安装前应对地脚螺栓等进行尺寸复核,有影响安装的情况时,应进行技术处理。在安装前,地脚螺栓应涂抹油脂保护。

③钢柱在安装前应对基础尺寸进行复核,主要核对轴线、标高线是否正确,以便对各层钢梁进行引线。安装柱时,每节柱的定位轴线应从地面控制轴线直接引上,不得从下层柱的轴线引上。各层的钢梁标高可按相对标高或设计标高进行控制。

④钢柱、钢梁、斜撑等钢结构构件从预制场地向安装位置倒运时,必须采取相应的措施,进行支垫或加垫(盖)软布、木材(下垫上盖)。

⑤钢柱在安装前应将中心线及标高基准点等标记做好,以便安装过程中进行检测和控制。

⑥钢梁吊装前应由技术人员对钢柱上的节点位置、数量进行再次确认,避免造成失误。钢梁安装后的主要检查项目是钢梁的中心位置、垂直度和侧向弯曲矢高。

⑦钢结构主体形成后应对主要立面尺寸进行全部检查,对所检查的每个立面,除两列角柱外,尚应至少选取一列中间柱。对于整体垂直度,可采用激光经纬仪、全站仪测量。

#### 2) 钢结构焊接工程质量控制要点

①施工单位对其首次采用的钢材、焊接材料、焊接方法、焊后热处理等,应进行焊接工艺评定,并应根据评定报告确定焊接工艺。

②焊接材料对钢结构焊接工程的质量有重大影响,因此进场的焊接材料必须符合设计文件和国家现行标准的要求。

③钢结构焊接必须由持证的技术工人进行施焊。

④钢结构的焊接质量要求:焊缝表面不得有裂纹、焊瘤等缺陷;一、二级焊缝的焊接质量必须遵照设计、规范要求,并按设计及规范要求进行无损检测;一级、二级焊缝不得有表面气孔、夹渣、弧坑裂纹、电弧擦伤等缺陷,且一级焊缝不得有咬边、未焊满、根部收缩等缺陷。

⑤焊缝质量不合格时,应查明原因并进行返修,同一部位返修次数不应超过两次。当超次返修时,应编制返修工艺措施。

⑥钢结构的焊缝等级、焊接形式,焊缝的焊接部位、坡口形式和外观尺寸必须符合设计和焊接技术规程的要求。

#### 3) 钢结构防腐工程质量控制要点

钢结构除锈应符合设计及规范要求,在防腐前应进行除锈和隐蔽工程报验,监理工程师要对钢结构的表面质量和除锈效果进行检查和确认。

①钢结构防腐涂料、稀释剂和固化剂等材料的品种、规格、性能、颜色等应符合现行国家产品标准和设计要求。

②钢结构在涂装时的环境温度和相对湿度应符合涂料产品说明书的要求。

③钢结构除锈后应在 4 h 内及时进行防腐施工,以免钢材二次生锈。如不能及时涂装时,在钢材表面不应出现未经处理的焊渣、焊疤、灰尘、油污、水和毛刺等。

④防腐涂料的涂装遍数和涂层厚度应符合设计要求。

⑤钢结构各构件防腐涂装完成后,钢结构构件的标志、标记和编号应清晰完整,以便于施工单位识别和安装。

#### 4) 钢结构防火工程质量控制要点

①防火涂料施工前应由各专业、工种办理交接手续,在钢结构防腐、管道安装、设备安装等完成后再进行防火涂料涂刷。

②防火涂料施工前钢结构的防腐涂装应已按设计要求涂刷完成。

③防火涂料施工前,应由施工单位技术人员对工人进行技术交底。

④对于防火涂料涂层的厚度检查,检查数量为涂装构件数的 10% 且不少于 3 件;当采用厚涂型防火涂料进行涂装时,检查的结果厚度要保证 80% 及以上面积符合设计或规范的要求,且最薄处厚度不应低于要求的 85% 。

⑤钢结构的防火涂料施工往往与各专业施工相交叉,对已施工完成的部位要有成品保护措施,如出现破损情况,应及时进行修补。防火涂料的表面色应按设计要求进行涂刷。

#### 5) 钢结构成品控制

钢结构成品或半成品在钢结构预制场地的堆放要求:根据组装的顺序分别存放,存放构件的场地应平整,并应设置垫木或垫块;箱装零部件、连接用紧固标准件宜在库内存放;对易变形的细长钢柱、钢梁、斜撑等构件应采取多点支垫措施。

#### 6) 钢结构隐蔽工程验收

隐蔽工程是指在施工过程中,上一道工序的工作成果将被下一道工序的工作成果覆盖,完工以后无法检查的那一部分工程。隐蔽工程验收记录是工程交工验收所必需的技术资料的重要内容之一,主要包括:对焊后封闭部位的焊缝的检查;刨光顶紧面的质量检查;高强度螺栓连接面质量的检查;构件除锈质量的检查;柱底板垫块设置的检查;钢柱与杯口基础安装连接二次灌浆的质量检查;埋件与地脚螺栓连接的检查;屋面彩板固定支架安装质量的检查;网架高强度螺栓拧入螺栓球长度的检查;网架支座的检查;网架支座地脚螺栓与过渡板连接的检查等。

### 3.4.3 钢结构工程质量验收记录

钢结构分项工程检验批质量验收记录可按表 3.6—表 3.20 进行,表中验收标准按《钢结构工程施工质量验收标准》(GB 50205—2020)执行。

## 表 3.6 钢结构(钢构件焊接)分项工程检验批质量验收记录

| 单位(子单位)工程名称 | | | 分部(子分部)工程名称 | | 分项工程名称 | | |
|---|---|---|---|---|---|---|---|
| 施工单位 | | | 项目负责人 | | 检验批容量 | | |
| 分包单位 | | | 分包单位项目负责人 | | 检验批部位 | | |
| 施工依据 | | | | 验收依据 | | | |
| | | 验收项目 | 设计要求及标准规定 | 最小/实际抽样数量 | 检查记录 | | 检查结果 |
| 主控项目 | 1 | 焊接材料进场 | 第4.6.1条 | | | | |
| | 2 | 焊接材料复验 | 第4.6.2条 | | | | |
| | 3 | 材料匹配 | 第5.2.1条 | | | | |
| | 4 | 焊工证书 | 第5.2.2条 | | | | |
| | 5 | 焊接工艺评定 | 第5.2.3条 | | | | |
| | 6 | 内部缺陷 | 第5.2.4条、第5.2.5条 | | | | |
| | 7 | 组合焊缝尺寸 | 第5.2.6条 | | | | |
| 一般项目 | 1 | 焊接材料进场 | 第4.6.5条 | | | | |
| | 2 | 预热或后热处理 | 第5.2.9条 | | | | |
| | 3 | 焊缝外观质量 | 第5.2.7条 | | | | |
| | 4 | 焊缝外观尺寸偏差 | 第5.2.8条 | | | | |
| 施工单位检查结果 | | | 专业工长: 项目专业质量检查员: 年 月 日 | | | | |
| 监理单位验收结论 | | | 专业监理工程师: 年 月 日 | | | | |

### 表3.7　钢结构(焊钉焊接)分项工程检验批质量验收记录

| 单位(子单位)工程名称 | | | 分部(子分部)工程名称 | | 分项工程名称 | |
|---|---|---|---|---|---|---|
| 施工单位 | | | 项目负责人 | | 检验批容量 | |
| 分包单位 | | | 分包单位项目负责人 | | 检验批部位 | |
| 施工依据 | | | | 验收依据 | | |
| 主控项目 | | 验收项目 | 设计要求及标准规定 | 最小/实际抽样数量 | 检查记录 | 检查结果 |
| | 1 | 焊接材料复验 | 第4.6.2条 | | | |
| | 2 | 焊接工艺评定 | 第5.3.1条 | | | |
| | 3 | 焊后弯曲试验 | 第5.3.2条 | | | |
| 一般项目 | 1 | 焊钉和瓷环尺寸 | 第4.6.3条 | | | |
| | 2 | 焊钉材料进场 | 第4.6.4条 | | | |
| | 3 | 焊缝外观质量 | 第5.3.3条 | | | |
| 施工单位检查结果 | | | 专业工长：<br>项目专业质量检查员：<br>　　　　　　　年　月　日 | | | |
| 监理单位验收结论 | | | 专业监理工程师：<br>　　　　　　　年　月　日 | | | |

### 表3.8　钢结构(普通紧固件连接)分项工程检验批质量验收记录

| 单位(子单位)工程名称 | | | 分部(子分部)工程名称 | | | 分项工程名称 | |
|---|---|---|---|---|---|---|---|
| 施工单位 | | | 项目负责人 | | | 检验批容量 | |
| 分包单位 | | | 分包单位项目负责人 | | | 检验批部位 | |
| 施工依据 | | | | 验收依据 | | | |

| | | 验收项目 | 设计要求及标准规定 | 最小/实际抽样数量 | 检查记录 | 检查结果 |
|---|---|---|---|---|---|---|
| 主控项目 | 1 | 成品进场 | 第4.7.1条 | | | |
| | 2 | 螺栓实物复验 | 第6.2.1条 | | | |
| | 3 | 匹配及间距 | 第6.2.2条 | | | |
| 一般项目 | 1 | 螺栓紧固 | 第6.2.3条 | | | |
| | 2 | 外观质量 | 第6.2.4条 | | | |
| 施工单位检查结果 | | | 专业工长:<br>项目专业质量检查员:<br>　　　　　　　　　　年　月　日 | | | |
| 监理单位验收结论 | | | 专业监理工程师:<br>　　　　　　　　　　年　月　日 | | | |

### 表3.9 钢结构(高强度螺栓连接)分项工程检验批质量验收记录

| 单位(子单位)工程名称 | | | 分部(子分部)工程名称 | | | 分项工程名称 | |
|---|---|---|---|---|---|---|---|
| 施工单位 | | | 项目负责人 | | | 检验批容量 | |
| 分包单位 | | | 分包单位项目负责人 | | | 检验批部位 | |
| | | 验收项目 | 设计要求及标准规定 | 最小/实际抽样数量 | | 检查记录 | 检查结果 |
| 主控项目 | 1 | 成品进场 | 第4.7.1条 | | | | |
| | 2 | 扭矩系数或轴力复验 | 第4.7.2条 | | | | |
| | 3 | 抗滑移系数试验 | 第6.3.1条、第6.3.2条 | | | | |
| | 4 | 终拧扭矩 | 第6.3.3条、第6.3.4条 | | | | |
| 一般项目 | 1 | 成品包装 | 第4.7.5条 | | | | |
| | 2 | 表面硬度检验 | 第4.7.6条 | | | | |
| | 3 | 镀层厚度 | 第4.7.4条 | | | | |
| | 4 | 初拧、终拧扭矩 | 第6.3.5条 | | | | |
| | 5 | 连接外观质量 | 第6.3.6条 | | | | |
| | 6 | 摩擦面外观 | 第6.3.7条 | | | | |
| | 7 | 扩孔 | 第6.3.8条 | | | | |
| 施工单位检查结果 | | | 专业工长:<br>项目专业质量检查员:<br>年 月 日 | | | | |
| 监理单位验收结论 | | | 专业监理工程师:<br>年 月 日 | | | | |

表 3.10　钢结构(零件及部件加工)分项工程检验批质量验收记录

| 单位(子单位)工程名称 | | | 分部(子分部)工程名称 | | 分项工程名称 | |
|---|---|---|---|---|---|---|
| 施工单位 | | | 项目负责人 | | 检验批容量 | |
| 分包单位 | | | 分包单位项目负责人 | | 检验批部位 | |
| 施工依据 | | | | 验收依据 | | |
| | | 验收项目 | 设计要求及标准规定 | 最小/实际抽样数量 | 检查记录 | 检查结果 |
| 主控项目 | 1 | 材料进场 | 第4.2.1条、第4.3.1条、第4.4.1条 | | | |
| | 2 | 钢材复验 | 第4.2.2条、第4.3.2条、第4.4.2条 | | | |
| | 3 | 切面质量 | 第7.2.1条 | | | |
| | 4 | 矫正和成型 | 第7.3.1条、第7.3.2条 | | | |
| | 5 | 边缘加工 | 第7.4.1条 | | | |
| | 6 | 螺栓球、焊接球加工 | 第7.5.1条、第7.5.4条 | | | |
| | 7 | 制孔 | 第7.7.1条 | | | |
| | 8 | 节点探伤 | 第7.6.1条 | | | |
| 一般项目 | 1 | 材料规格尺寸 | 第4.2.3条、第4.3.4条、第4.4.3条 | | | |
| | 2 | 钢材表面质量 | 第4.2.5条、第4.3.5条、第4.4.4条、第4.4.5条、第7.6.2条、第7.6.6条 | | | |
| | 3 | 切割精度 | 第7.2.2条、第7.2.3条 | | | |
| | 4 | 矫正质量 | 第7.3.3条、第7.3.4条、第7.3.5条、第7.3.6条、第7.3.7条、第7.6.5条 | | | |

续表

| 一般项目 | 5 | 边缘加工精度 | 第7.4.2条、第7.4.3条、第7.4.4条 | | | |
|---|---|---|---|---|---|---|
| | 6 | 螺栓球、焊接球加工精度 | 第7.5.7条、第7.5.9条 | | | |
| | 7 | 管件加工精度 | 第7.2.4条 | | | |
| | 8 | 制孔精度 | 第7.6.3条、第7.7.2条 | | | |
| 施工单位<br>检查结果 | | | 专业工长：<br>项目专业质量检查员：<br>年　月　日 | | | |
| 监理单位<br>验收结论 | | | 专业监理工程师：<br>年　月　日 | | | |

表3.11　钢结构(预拼装)分项工程检验批质量验收记录

| 单位(子单位)<br>工程名称 | | | 分部(子分部)<br>工程名称 | | 分项工程<br>名称 | |
|---|---|---|---|---|---|---|
| 施工单位 | | | 项目负责人 | | 检验批容量 | |
| 分包单位 | | | 分包单位项目<br>负责人 | | 检验批部位 | |
| 施工依据 | | | | 验收依据 | | |
| 主控项目 | | 验收项目 | 设计要求及<br>标准规定 | 最小/实际<br>抽样数量 | 检查记录 | 检查结果 |
| | 1 | 多层板<br>叠螺栓孔 | 第9.2.1条 | | | |
| | 2 | 仿真模拟 | 第9.3.1条 | | | |
| 一般项目 | 1 | 实体预拼装精度 | 第9.2.2条、第9.2.3条 | | | |
| | 2 | 仿真模拟 | 第9.3.2条 | | | |
| 施工单位<br>检查结果 | | | 专业工长：<br>项目专业质量检查员：<br>年　月　日 | | | |
| 监理单位<br>验收结论 | | | 专业监理工程师：<br>年　月　日 | | | |

表 3.12　钢结构(构件组装)分项工程检验批质量验收记录

| 单位(子单位)工程名称 | | | 分部(子分部)工程名称 | | | 分项工程名称 | |
|---|---|---|---|---|---|---|---|
| 施工单位 | | | 项目负责人 | | | 检验批容量 | |
| 分包单位 | | | 分包单位项目负责人 | | | 检验批部位 | |
| 施工依据 | | | | 验收依据 | | | |

| | | 验收项目 | 设计要求及标准规定 | 最小/实际抽样数量 | 检查记录 | 检查结果 |
|---|---|---|---|---|---|---|
| 主控项目 | 1 | 拼接对接焊缝 | 第8.2.1条 | | | |
| | 2 | 吊车梁(桁架) | 第8.3.1条 | | | |
| | 3 | 端部铣平精度 | 第8.4.1条 | | | |
| | 4 | 外形尺寸 | 第8.5.1条 | | | |
| 一般项目 | 1 | 焊接H型钢组装精度 | 第8.3.2条 | | | |
| | 2 | 焊接组装精度 | 第8.3.3条 | | | |
| | 3 | 顶紧接触面 | 第8.4.2条 | | | |
| | 4 | 轴线交点错位 | 第8.3.4条 | | | |
| | 5 | 铣平面保护 | 第8.4.3条 | | | |
| | 6 | 外形尺寸 | 第8.5.2～第8.5.9条 | | | |

| 施工单位检查结果 | 专业工长：<br>项目专业质量检查员：<br><br>年　月　日 |
|---|---|
| 监理单位验收结论 | 专业监理工程师：<br><br>年　月　日 |

表3.13  钢结构(单层结构安装)分项工程检验批质量验收记录

| 单位(子单位)工程名称 | | | 分部(子分部)工程名称 | | 分项工程名称 | |
|---|---|---|---|---|---|---|
| 施工单位 | | | 项目负责人 | | 检验批容量 | |
| 分包单位 | | | 分包单位项目负责人 | | 检验批部位 | |
| 施工依据 | | | | 验收依据 | | |
| | | 验收项目 | 设计要求及标准规定 | 最小/实际抽样数量 | 检查记录 | 检查结果 |
| 主控项目 | 1 | 基础验收 | 第10.2.1条、第10.2.2条、第10.2.3条、第10.2.4条 | | | |
| | 2 | 构件验收 | 第10.3.1条、第10.4.1条、第10.5.1条、第10.7.1条 | | | |
| | 3 | 顶紧接触面 | 第10.3.2条 | | | |
| | 4 | 垂直度和侧向弯曲 | 第10.4.2条 | | | |
| | 5 | 构件对接节点偏差 | 第10.5.2条 | | | |
| | 6 | 平台等安装精度 | 第10.8.2条 | | | |
| | 7 | 主体结构尺寸 | 第10.9.1条 | | | |
| 一般项目 | 1 | 地脚螺栓精度 | 第10.2.6条 | | | |
| | 2 | 标记 | 第10.3.3条 | | | |
| | 3 | 屋架、桁架、梁安装精度 | 第10.4.3条、第10.4.5条 | | | |
| | 4 | 钢柱安装精度 | 第10.3.4条 | | | |
| | 5 | 吊车梁安装精度 | 第10.4.4条 | | | |
| | 6 | 檩条等安装精度 | 第10.7.3条 | | | |
| | 7 | 现场组对精度 | 第10.5.4条、第10.5.5条 | | | |
| | 8 | 结构表面 | 第10.3.6条 | | | |

| 施工单位<br>检查结果 | 专业工长：<br>项目专业质量检查员：<br>　　　　　　　　　　年　月　日 |
|---|---|
| 监理单位<br>验收结论 | 专业监理工程师：<br>　　　　　　　　　　年　月　日 |

表 3.14　**钢结构(多层及高层结构安装)分项工程检验批质量验收记录**

| 单位(子单位)<br>工程名称 | | | 分部(子分部)<br>工程名称 | | 分项工程<br>名称 | |
|---|---|---|---|---|---|---|
| 施工单位 | | | 项目负责人 | | 检验批容量 | |
| 分包单位 | | | 分包单位项目<br>负责人 | | 检验批部位 | |
| 施工依据 | | | | 验收依据 | | |
| | | 验收项目 | 设计要求及<br>标准规定 | 最小/实际<br>抽样数量 | 检查记录 | 检查<br>结果 |
| 主控项目 | 1 | 基础验收 | 第 10.2.1 条、<br>第 10.2.2 条、<br>第 10.2.3 条、<br>第 10.2.4 条 | | | |
| | 2 | 构件验收 | 第 10.3.1 条、<br>第 10.4.1 条、<br>第 10.5.1 条、<br>第 10.6.1 条、<br>第 10.7.1 条、<br>第 10.8.1 条 | | | |
| | 3 | 钢柱安装精度 | 第 10.3.4 条 | | | |
| | 4 | 顶紧接触面 | 第 10.3.2 条 | | | |
| | 5 | 垂直度和侧向弯曲 | 第 10.4.2 条 | | | |
| | 6 | 构件对接面精度 | 第 10.5.2 条 | | | |
| | 7 | 同一层标高偏差 | 第 10.5.3 条 | | | |
| | 8 | 剪力墙错边 | 第 10.6.2 条 | | | |
| | 9 | 平台等安装精度 | 第 10.8.2 条 | | | |
| | 10 | 主体结构尺寸 | 第 10.9.1 条 | | | |

续表

| | | 验收项目 | 设计要求及标准规定 | 最小/实际抽样数量 | 检查记录 | 检查结果 |
|---|---|---|---|---|---|---|
| 一般项目 | 1 | 地脚螺栓精度 | 第10.2.6条 | | | |
| | 2 | 标记 | 第10.3.3条 | | | |
| | 3 | 构件安装精度 | 第10.3.4条、第10.4.3条、第10.5.4条、第10.5.5条 | | | |
| | 4 | 主体结构总高度 | 第10.9.2条 | | | |
| | 5 | 吊车梁安装精度 | 第10.4.4条 | | | |
| | 6 | 钢梁安装精度 | 第10.4.5条 | | | |
| | 7 | 檩条等安装精度 | 第10.7.3条 | | | |
| | 8 | 现场组对精度 | 第10.5.5条 | | | |
| | 9 | 结构表面 | 第10.3.6条 | | | |
| 施工单位检查结果 | | | 专业工长：<br>项目专业质量检查员：<br><br>年　月　日 | | | |
| 监理单位验收结论 | | | 专业监理工程师：<br><br>年　月　日 | | | |

表3.15　钢结构(网架结构安装)分项工程检验批质量验收记录

| 单位(子单位)工程名称 | | | 分部(子分部)工程名称 | | 分项工程名称 | |
|---|---|---|---|---|---|---|
| 施工单位 | | | 项目负责人 | | 检验批容量 | |
| 分包单位 | | | 分包单位项目负责人 | | 检验批部位 | |
| 施工依据 | | | | 验收依据 | | |
| | | 验收项目 | 设计要求及标准规定 | 最小/实际抽样数量 | 检查记录 | 检查结果 |
| 主控项目 | 1 | 焊接球 | 第4.8.3条、第7.5.5条 | | | |
| | 2 | 螺栓球 | 第4.8.1条、第7.5.1条 | | | |
| | 3 | 封板、锥头、套筒 | 第4.8.2条、第7.5.2条 | | | |
| | 4 | 支座、橡胶垫 | 第4.12.1条 | | | |
| | 5 | 基础验收 | 第11.2.1条 | | | |
| | 6 | 支座 | 第11.2.1条、第11.2.2条 | | | |
| | 7 | 结构挠度 | 第11.3.1条 | | | |
| 一般项目 | 1 | 焊接球精度 | 第7.5.8条、第7.5.9条 | | | |
| | 2 | 螺栓球精度 | 第7.5.7条 | | | |
| | 3 | 螺栓球螺纹精度 | 第7.5.6条 | | | |
| | 4 | 锚栓精度 | 第11.2.3条 | | | |
| | 5 | 拼装精度 | 第11.3.3条、第11.3.4条 | | | |
| | 6 | 结构表面 | 第11.3.6条 | | | |
| | 7 | 安装精度 | 第11.3.5条 | | | |
| 施工单位检查结果 | | | 专业工长：项目专业质量检查员：　　　　　　　　　　年　月　日 | | | |
| 监理单位验收结论 | | | 专业监理工程师：　　　　　　　　　　年　月　日 | | | |

表 3.16 钢结构(钢管桁架结构)分项工程检验批质量验收记录

| 单位(子单位)工程名称 | | | 分部(子分部)工程名称 | | 分项工程名称 | |
|---|---|---|---|---|---|---|
| 施工单位 | | | 项目负责人 | | 检验批容量 | |
| 分包单位 | | | 分包单位项目负责人 | | 检验批部位 | |
| 施工依据 | | | | 验收依据 | | |
| | | 验收项目 | 设计要求及标准规定 | 最小/实际抽样数量 | 检查记录 | 检查结果 |
| 主控项目 | 1 | 成品进场 | 第4.3.1条、第4.3.2条、第11.4.1条 | | | |
| | 2 | 相贯节点焊缝 | 第11.4.2条 | | | |
| | 3 | 表面质量 | 第11.4.3条 | | | |
| | 4 | 钢管对接焊缝 | 第11.4.4条 | | | |
| | 5 | 对接与拼接 | 第8.2.1条 | | | |
| | 6 | 吊车梁和吊车桁架组装 | 第8.3.1条 | | | |
| | 7 | 钢构件外形尺寸 | 第8.5.1条、第11.2.2条 | | | |
| | 8 | 安装精度 | 第10.4.1条、第10.4.2条 | | | |
| 一般项目 | 1 | 成品外形尺寸 | 第4.3.3条、第4.3.4条 | | | |
| | 2 | 成品表面外观质量 | 第4.3.5条 | | | |
| | 3 | 相贯连接的钢管杆件切割 | 第7.2.4条 | | | |
| | 4 | 矫正和成型 | 第7.3.4条、第7.3.5条、第7.3.7条、第7.3.8条 | | | |
| | 5 | 对接与拼接 | 第8.2.5条、第8.2.6条、第11.4.5条 | | | |
| | 6 | 相互搭接 | 第11.4.6条 | | | |
| | 7 | 组装精度 | 第8.3.4条 | | | |
| | 8 | 钢构件外形尺寸 | 第8.5.2条、第8.5.6条、第8.5.7条 | | | |
| | 9 | 钢构件预拼装精度 | 第9.2.3条 | | | |
| | 10 | 安装精度 | 第10.4.3条、第10.7.3条 | | | |

续表

| 施工单位<br>检查结果 | 专业工长：<br>项目专业质量检查员：<br><br>　　　　　年　月　日 |
|---|---|
| 监理单位<br>验收结论 | 专业监理工程师：<br><br>　　　　　年　月　日 |

表 3.17　钢结构(预应力索杆及膜结构)分项工程检验批质量验收记录

| 单位(子单位)<br>工程名称 | | | 分部(子分部)<br>工程名称 | | | 分项工程<br>名称 | |
|---|---|---|---|---|---|---|---|
| 施工单位 | | | 项目负责人 | | | 检验批容量 | |
| 分包单位 | | | 分包单位项目<br>负责人 | | | 检验批部位 | |
| 施工依据 | | | | | 验收依据 | | |
| | | 验收项目 | 设计要求及<br>标准规定 | 最小/实际<br>抽样数量 | | 检查记录 | 检查<br>结果 |
| 主控项目 | 1 | 成品进场 | 第 4.5.1 条、<br>第 4.12.1 条 | | | | |
| | 2 | 膜材材料 | 第 4.10.1 条 | | | | |
| | 3 | 索杆制作 | 第 11.5.1 条 | | | | |
| | 4 | 膜单元制作 | 第 11.6.1 条 | | | | |
| | 5 | 索杆安装 | 第 11.7.1 条 | | | | |
| | 6 | 膜结构安装 | 第 11.8.1 条 | | | | |
| 一般项目 | 1 | 拉索材料 | 第 4 .5.4 条 | | | | |
| | 2 | 索杆制作 | 第 11.5.5 条 | | | | |
| | 3 | 膜材制作 | 第 11.6.3 条 | | | | |
| | 4 | 索杆安装 | 第 11.7.3 条 | | | | |
| | 5 | 膜结构安装 | 第 11.8.4 条 | | | | |

续表

| 施工单位<br>检查结果 | 专业工长：<br>项目专业质量检查员：<br>年　月　日 |
|---|---|
| 监理单位<br>验收结论 | 专业监理工程师：<br>年　月　日 |

表3.18　钢结构(压型金属板)分项工程检验批质量验收记录

| 单位(子单位)<br>工程名称 | | | 分部(子分部)<br>工程名称 | | | 分项工程<br>名称 | |
|---|---|---|---|---|---|---|---|
| 施工单位 | | | 项目负责人 | | | 检验批容量 | |
| 分包单位 | | | 分包单位项目<br>负责人 | | | 检验批部位 | |
| 施工依据 | | | | | 验收依据 | | |
| | | 验收项目 | 设计要求及<br>标准规定 | 最小/实际<br>抽样数量 | 检查记录 | | 检查<br>结果 |
| 主控项目 | 1 | 压型金属板等进场 | 第4.9.1条、<br>第4.9.2条 | | | | |
| | 2 | 固定支架、紧固件<br>及其他材料进场 | 第4.9.3条、<br>第4.9.4条 | | | | |
| | 3 | 压型金属板<br>基板裂纹 | 第12.2.1条 | | | | |
| | 4 | 压型金属板<br>涂层缺陷 | 第12.2.2条 | | | | |
| | 5 | 压型金属板<br>等现场安装 | 第12.3.1条、<br>第12.3.2条、<br>第12.3.3条 | | | | |
| | 6 | 压型金属板搭接 | 第12.3.4条 | | | | |
| | 7 | 楼承板端部锚固 | 第12.3.5条 | | | | |
| | 8 | 楼承板侧向搭接 | 第12.3.6条 | | | | |
| | 9 | 压型金属板造型 | 第12.3.7条 | | | | |
| | 10 | 固定支架安装 | 第12.4.1条 | | | | |
| | 11 | 连接构造 | 第12.5.1条 | | | | |
| | 12 | 搭接及节点 | 第12.5.2条 | | | | |
| | 13 | 防雨及排水构造 | 第12.6.1条 | | | | |
| | 14 | 抗风揭性能检测 | 第12.6.2条 | | | | |

续表

| 一般项目 | | 验收项目 | 设计要求及标准规定 | 最小/实际抽样数量 | 检查记录 | 检查结果 |
|---|---|---|---|---|---|---|
| | 1 | 压型金属板精度 | 第4.9.5条 | | | |
| | 2 | 固定支架、紧固件及其他材料外观 | 第4.9.6条、第4.9.7条、第4.9.8条 | | | |
| | 3 | 压型金属板制作精度 | 第12.2.3条、第12.2.4条 | | | |
| | 4 | 压型金属板表面质量 | 第12.2.5条 | | | |
| | 5 | 压型金属板安装及连接外观 | 第12.3.9条、第12.3.10条 | | | |
| | 6 | 压型金属板安装精度 | 第12.3.11条 | | | |
| | 7 | 固定支架安装外观 | 第12.4.3条 | | | |
| | 8 | 构造节点安装外观 | 第12.5.3条 | | | |
| | 9 | 保温隔热、防水等材料 | 第12.6.3条 | | | |
| 施工单位检查结果 | | | 专业工长：项目专业质量检查员：<br><br>年 月 日 | | | |
| 监理单位验收结论 | | | 专业监理工程师：<br><br>年 月 日 | | | |

表 3.19　钢结构(防腐涂料涂装)分项工程检验批质量验收记录

| 单位(子单位)工程名称 | | | 分部(子分部)工程名称 | | | 分项工程名称 | |
|---|---|---|---|---|---|---|---|
| 施工单位 | | | 项目负责人 | | | 检验批容量 | |
| 分包单位 | | | 分包单位项目负责人 | | | 检验批部位 | |
| 施工依据 | | | | | 验收依据 | | |
| | | 验收项目 | 设计要求及标准规定 | 最小/实际抽样数量 | 检查记录 | | 检查结果 |
| 主控项目 | 1 | 产品进场 | 第4.11.1条 | | | | |
| | 2 | 表面处理 | 第13.2.1条、第13.3.2条、第13.3.3条 | | | | |
| | 3 | 涂层厚度 | 第13.2.2条、第13.2.3条、第13.2.4条、第13.3.1条、第13.3.4条 | | | | |
| 一般项目 | 1 | 产品进场 | 第4.11.3条 | | | | |
| | 2 | 表面质量 | 第13.2.7条、第13.2.8条、第13.3.5条 | | | | |
| | 3 | 附着力测试 | 第13.2.6条 | | | | |
| | 4 | 标志 | 第13.2.9条 | | | | |
| 施工单位检查结果 | | | 专业工长:<br>项目专业质量检查员:<br>年　月　日 | | | | |
| 监理单位验收结论 | | | 专业监理工程师:<br>年　月　日 | | | | |

表3.20　钢结构(防火涂料涂装)分项工程检验批质量验收记录

| 单位(子单位)工程名称 | | | | 分部(子分部)工程名称 | | | 分项工程名称 | |
|---|---|---|---|---|---|---|---|---|
| 施工单位 | | | | 项目负责人 | | | 检验批容量 | |
| 分包单位 | | | | 分包单位项目负责人 | | | 检验批部位 | |
| 施工依据 | | | | | 验收依据 | | | |
| | | 验收项目 | | 设计要求及标准规定 | 最小/实际抽样数量 | | 检查记录 | 检查结果 |
| 主控项目 | 1 | 产品进场 | | 第4.11.2条 | | | | |
| | 2 | 涂装基层验收 | | 第13.4.1条 | | | | |
| | 3 | 强度试验 | | 第13.4.2条 | | | | |
| | 4 | 涂层厚度 | | 第13.4.3条 | | | | |
| | 5 | 表面裂纹 | | 第13.4.4条 | | | | |
| 一般项目 | 1 | 产品进场 | | 第4.11.3条 | | | | |
| | 2 | 基层表面 | | 第13.4.5条 | | | | |
| | 3 | 涂层表面质量 | | 第13.4.6条 | | | | |
| 施工单位检查结果 | | | | 专业工长:<br>项目专业质量检查员:<br>　　　　年　月　日 | | | | |
| 监理单位验收结论 | | | | 专业监理工程师:<br>　　　　年　月　日 | | | | |

## 本章小结

本章对钢结构的结构体系、应用范围、施工基本方法与施工质量控制进行了全面讲述。学生应深刻领会钢结构施工基本方法、钢结构施工质量控制在实践过程中的应用。

## 课后习题

1. 举例说明装配式钢结构在哪些工程中有应用？

2. 钢结构最常见的结构体系有哪些？

3. 钢结构的结构体系中各种结构的适用高度和跨度各是多大？

4. 钢结构构件的生产主要包括哪些方面？简单叙述各方面的含义。

5. 钢结构构件的吊装主要包括哪些方面？

6. 钢结构构件的焊接连接方式有哪些？各种焊接连接方式的基本含义是什么？

7. 钢结构构件的螺栓连接方式有哪些？各种螺栓连接方式的基本含义是什么？

8. 钢结构工程施工前的质量控制要点有哪些？

9. 钢结构分项工程检验批质量验收记录表有哪些？

# 4

装配式混凝土结构

**本章导读**

本章内容包括装配式混凝土结构的结构体系与应用范围、装配式混凝土结构生产、装配式混凝土结构吊装与安装、装配式混凝土结构灌浆与现浇、装配式混凝土结构质量控制。学习要求：掌握吊装与安装以及灌浆与现浇的操作步骤，熟悉生产和质量控制流程，了解结构体系与应用范围。本章重点是施工基本方法，难点是节点构造与连接要求。

# 4.1 装配式混凝土结构的结构体系与应用范围

目前常见的结构体系是装配整体式混凝土结构。它由预制混凝土构件通过可靠的方式进行连接，并与现场后浇混凝土、水泥基灌浆料形成整体的装配式混凝土结构。装配整体式混凝土结构的安全性、适应性、耐久性应该基本达到与现浇混凝土结构等同的效果。其结构体系与应用范围主要有以下 5 个方面。

## 4.1.1 外挂墙板体系

外墙、叠合楼板、阳台、楼梯、叠合梁为预制部件。该结构体系的特点：竖向受力结构采用现浇，外墙挂板不参与受力，预制比例一般为 10% ~ 50%，施工难度较低，成本较低，常配合大钢模施工。该结构体系适用于高层和超高层的保障房、商品房、办公建筑。外挂墙板体系的分解图如图 4.1 所示，外挂墙板体系房屋如图 4.2 所示。

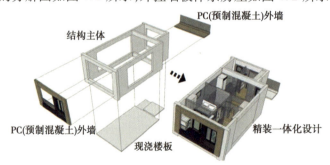

图 4.1　外挂墙板体系的分解图　　　　图 4.2　外挂墙板体系房屋

## 4.1.2 装配式框架体系

装配式框架体系是指柱、叠合梁、外墙、叠合楼板、阳台等均为预制部件。该结构体系的特点：工业化程度高，预制比例可达 80%，内部空间自由度好，室内梁柱外露，施工难度较高，成本较高。该结构体系适用于高度为 50 m 以下（地震烈度 7 度）的公寓、办公楼、酒店、学校、工业厂房建筑等。装配式框架体系的分解图如图 4.3 所示，装配式框架体系施工如图 4.4 所示。

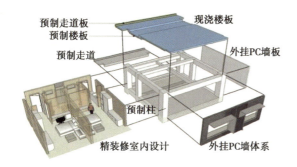

图 4.3　装配式框架体系的分解图

图 4.4　装配式框架体系施工

### 4.1.3　装配式剪力墙体系

剪力墙、叠合楼板、楼梯、内隔墙等为预制部件。该结构体系的特点:工业化程度高,房间空间完整,无梁柱外露,施工难度大,成本较高,可选择局部或全部预制,空间灵活度一般。该结构体系适用于高层、超高层的商品房、保障房等。装配式剪力墙体系的剖切图如图 4.5 所示,装配式剪力墙房屋如图 4.6 所示。

装配式剪力墙体系是目前研究最多、应用最多的结构体系,其结构节点是关注的重点,L 形边缘构件节点(带外保温层)构造如图 4.7 所示,L 形边缘构件节点(无保温层)构造如图 4.8 所示。

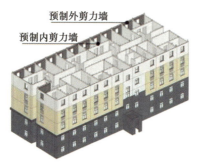

图 4.5　装配式剪力墙体系的剖切图

图 4.6　装配式剪力墙房屋

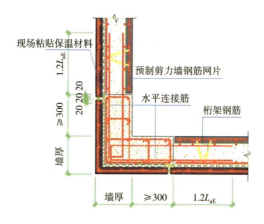

图 4.7　L 形边缘构件节点(带外保温层)

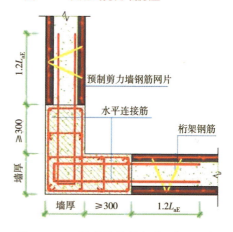

图 4.8　L 形边缘构件节点(无保温层)

### 4.1.4　装配式框架剪力墙体系

柱(柱模板)、剪力墙、叠合楼板、阳台、楼梯、内隔墙等为预制部件。该结构体系的特点：工业化程度高,施工难度高,成本较高,室内柱外露,内部空间自由度较好。该结构体系适用于高层、超高层的商品房、保障房等。装配式框架剪力墙体系剖切图如图4.9所示,装配式剪力墙房屋如图4.10所示。

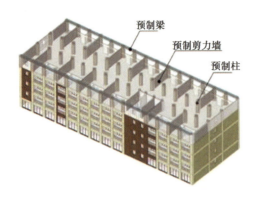

图4.9　装配式框架剪力墙体系的剖切图　　　图4.10　装配式框架剪力墙房屋

### 4.1.5　叠合剪力墙体系

叠合剪力墙、叠合楼板、阳台、楼梯、内隔墙为预制部件。该结构体系的特点：工业化程度高,施工速度快,连接简单,构件质量轻,精度要求较低等,叠合剪力墙的核心部分是在现场绑扎钢筋,现浇混凝土,里外的预制薄板既为模板又为结构受力构件。该结构体系适用于高层、超高层的商品房、保障房等。叠合剪力墙的构造图如图4.11所示,叠合剪力墙安装现场如图4.12所示。叠合剪力墙水平面节点(带外保温)如图4.13所示,叠合剪力墙水平面节点(无保温)如图4.14所示,叠合剪力墙竖向面节点如图4.15所示。

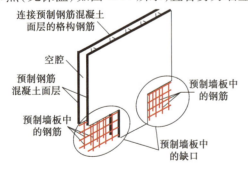

图4.11　叠合剪力墙的构造图　　　　图4.12　叠合剪力墙安装现场

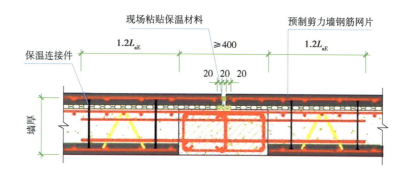

图 4.13 叠合剪力墙水平面节点（带外保温）

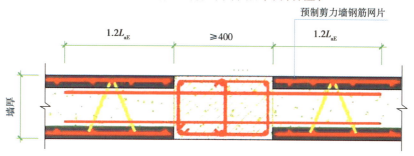

图 4.14 叠合剪力墙水平面节点（无保温）

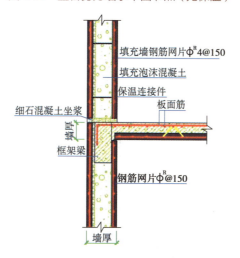

图 4.15 叠合剪力墙竖向面节点

## 4.2 装配式混凝土结构生产

　　预制混凝土（precast concrete）构件简称 PC 构件，是指在工厂或现场预先生产制作的混凝土构件。预制混凝土构件一般宜在工厂生产，主要原因是工厂的生产环境较好，有利于提高生产效率和保证产品质量。预制构件在工厂里生产，可以进行流水线作业，各分部分项工程交叉进行,构件质量、工程时间、工程造价受天气和季节影响小,普遍质量问题在生产中可以得到有效控制,材料成本浪费减少,质量有保障,经济效益提高。

预制构件运输费用在构件生产成本方面占有很大比例。其原因在于:预制构件结构形式多样、尺寸较大,不易运输,车辆运输要求较高;运输路线需根据工厂和施工场地选择,若运输路程较长,会产生较多的运输费用;同时,道路运输允许尺寸和单个构件的吊装重量制约着预制构件的尺寸。所以,因外形复杂或尺寸过大而导致运输成本过高或难以运输的构件,可以选择现场生产。

### 4.2.1 预制混凝土构件种类

预制混凝土构件种类主要包括预制柱、叠合梁、叠合板、墙板、楼梯、阳台、空调板、飘窗板等。

图 4.16 预制柱

（1）预制柱

预制柱在工厂内预制完成,为了结构连接的需要,常在端部留置插筋,如图4.16所示。

（2）叠合梁

框架梁的横截面一般为矩形或T形,当楼盖结构为预制板装配式时,为减少结构所占的高度,增加建筑净空,框架梁截面常为十字形或花篮形。在装配整体式框架结构中,常将预制梁做成T形截面,在预制板安装就位后,再现浇部分

混凝土,即形成所谓的叠合梁,如图4.17所示。

叠合梁的叠合层混凝土厚度不宜小于100 mm,混凝土强度等级不宜低于C30。预制梁的箍筋应全部伸入叠合层,且各肢伸入叠合层的直线段长度不宜小于10d（d 为箍筋直径）。预制梁的顶面应做成凹凸差不小于6 mm 的粗糙面。

（a）叠合梁模型示意图

（b）叠合梁构件

图 4.17 叠合梁

（3）叠合板

叠合板是由预制板和现浇钢筋混凝土层叠合而成的装配整体式楼板,如图4.18所示。叠合板根据受力情况分为单向叠合板和双向叠合板。叠合板底板（预制部分）厚度不宜小于

60 mm,表面应做成凹凸差不小于 4 mm 的粗糙面,粗糙面的面积不小于结合面的 80%;叠合层(现浇部分)厚度不应小于 60 mm,厚度有 70 mm、80 mm、90 mm 3 种,常规做法为 70 mm。

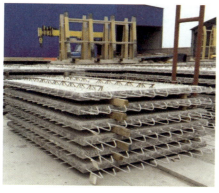

图 4.18　叠合板

(4)预制墙板

预制混凝土墙板分为预制混凝土剪力墙内墙板、预制混凝土剪力墙外墙板、预制混凝土双面叠合剪力墙墙板、预制混凝土外墙挂板等。

如图 4.19 所示为预制混凝土剪力墙内墙板,板侧与后浇混凝土的结合面应设置凹凸深度不小于 6 mm 的粗糙面,或设置键槽。

预制混凝土剪力墙外墙板通常做成夹心保温墙板,内叶板与外叶板之间铺设保温材料,如图 4.20 所示。内叶板与外叶板依靠拉结件连接。拉结件主要有HALFEN 保温拉结件(图 4.21)和 Thermomass 保温拉结件(图 4.22)。

图 4.19　预制混凝土剪力墙内墙板

(a)实物图

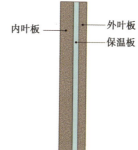

内叶板　　外叶板　保温板

(b)结构简图

图 4.20　预制夹心保温板

预制混凝土双面叠合剪力墙墙板从厚度方向划分为 3 层,内外两侧预制,通过桁架钢筋连接,中间是空腔,现场浇筑自密实混凝土,如图 4.23 所示。现场安装后,上下构件的竖向钢筋和左右构件的水平钢筋在空腔内布置、搭接,然后浇筑混凝土形成实心墙体。双面叠合剪力墙可根据使用需要增加保温层,如图 4.24 所示。

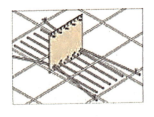   

　(a)FA 平面承重拉结件　　(b)SPA-1 承重拉结件　(c)SPA-2 承重拉结件　(d)MVA 筒状承重拉结件

图 4.21　HALFEN 保温拉结件

  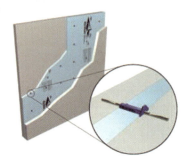

图 4.22　Thermomass 保温拉结件

图 4.23　双面叠合剪力墙墙板　　　　　　图 4.24　加保温层的双面叠合墙板

　　预制混凝土外墙挂板是装配在钢结构或混凝土结构上的非承重外墙围护挂板或装饰板,如图 4.25 所示。预制混凝土外墙挂板与主体结构连接采用预埋件、安装用连接件,装饰面包括砖饰面、石材饰面、涂料饰面、装饰混凝土饰面等。

图 4.25　预制混凝土外墙挂板

（5）预制楼梯

预制钢筋混凝土板式楼梯如图4.26所示，梯段板支座处为销键连接，规格有双跑楼梯和剪刀楼梯。

（a）双跑楼梯　　　　　　　　　　　（b）剪刀楼梯

图4.26　预制楼梯

（6）预制阳台

预制阳台通常包括叠合板式阳台、全预制板式阳台和全预制梁式阳台，如图4.27所示。

（a）叠合板式阳台　　　　　　　　　　（b）全预制梁式阳台

图4.27　预制阳台

（7）其他构件

除主体构件外，预制构件还包括空调板（图4.28）、女儿墙、飘窗（图4.29）等，其中女儿墙可做成夹心保温式和非保温式。

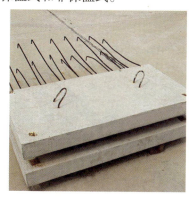

图4.28　预制空调板　　　　　图4.29　预制飘窗

### 4.2.2 预埋件

预埋件是指预先安装在隐蔽工程内的构件,起保温、减重、吊装、连接、定位、锚固、通水电气、互动、便于作业、防雷防水、装饰等作用。常用预埋件按用途可分为结构连接件、支模吊装件、填充物、水电暖通等功能件和其他功能件。

①结构连接件:连接构件与构件(钢筋与钢筋)或起到锚固作用的预埋件,主要包括灌浆套筒、钢筋锚板、保温连接件等,如图4.30—图4.36所示。

图4.30　半灌浆套筒

图4.31　全灌浆套筒

图4.32　直螺纹套筒

图4.33　金属波纹管

图4.34　钢筋锚板

图4.35　哈芬槽

图 4.36　外挂连接螺纹杆

②支模吊装件:便于现场支模、支撑、吊装的预埋件,如图 4.37—图 4.40 所示。

图 4.37　锚栓套筒

图 4.38　塑料胀管

图 4.39　吊钉

图 4.40　带横杆铆钉

③填充物:起保暖、减重或填充预留缺口的预埋件,主要有保温板、轻质填充材料等,如图 4.41—图 4.44 所示。

图 4.41　XPS(挤塑泡沫板)

图 4.42　EPS(膨化泡沫板)

图 4.43　硅胶填充件　　　　　　　　图 4.44　岩棉

④水电暖通等功能件:通水、通电、通气或连接外部互动部件的预埋件,如图 4.45—图 4.48 所示。

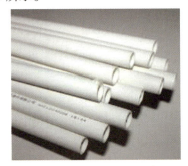 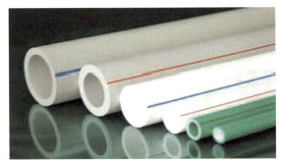

图 4.45　线管　　　　　　　　　　图 4.46　给排水管

图 4.47　线盒、电箱及附件

图 4.48　套管、地漏等

⑤其他功能件:利于防水、防雷、定位、安装等的预埋件,如图 4.49—图 4.52 所示。

图 4.49　防水胶条

图 4.50　锚固钢板（栏杆预埋件等）

图 4.51　塑料波纹管（注/出浆管）　　　图 4.52　止水钢板

### 4.2.3　预制构件生产工艺

根据生产过程中组织构件成型和养护的不同特点,预制构件生产工艺分为平模机组流水工艺、平模传送流水工艺、固定平模工艺、立模工艺、长线台座工艺等。

①平模机组流水工艺:根据生产工艺的要求将整个车间划分为若干工段,每个工段配备相应的工人和机具设备,构件的成型、养护、脱模等生产过程分别在有关的工段循序完成。这种工艺的特点是主要机械设备相对固定,模板借助吊车的吊运,在移动过程中完成构件的成型。

②平模传送流水工艺:模板自身装有行走轮或借助辊道传送,不需吊车即可移动,在沿生产线行走过程中完成各道工序,然后将已成型的构件连同钢模送进养护窑。

③固定平模工艺:模板固定不动,构件的成型、养护、脱模等生产过程都在同一个位置上完成。

④立模工艺:模板垂直使用,并具有多种功能;模板是箱体,腔内可通入蒸汽,侧模装有

振动设备,从模板上方分层灌筑混凝土后,即可分层振动成型。

⑤长线台座工艺:适用于露天生产厚度较小的构件和先张法预应力钢筋混凝土构件,如空心楼板、槽形板、T形板、双T板、工形板、小桩、小柱等。

平模生产线主要用于生产桁架钢筋混凝土叠合板、预制混凝土剪力墙板等,如图4.53和图4.54所示。平模生产最大的优越性在于夹心保温层的施工和水电预埋可以在布设钢筋时一并进行。立模生产线采用成组立模工艺,如图4.55所示。与平模工艺比较,立模工艺可节约生产用地、提高生产效率,而且构件的两个表面同样平整,通常用于生产外形比较简单而又要求两面平整的构件,如内墙板、楼梯段等,如图4.56所示。

图4.53　平模生产线

图4.54　平模生产叠合板

图4.55　立模生产线

图4.56　预制楼梯成组立模

预制混凝土构件生产工艺流程包括生产准备、模具制作和拼装、钢筋加工绑扎、埋设水电管线与预埋件、浇筑混凝土、养护、脱模与起吊、质量检查等。预制构件生产过程如图4.57所示。

### 1)生产准备

预制构件生产前需要做的准备工作有熟悉设计图纸及预制计划要求、人员配置、模板设计、施工场地的平整与布置等。

①熟悉设计图纸及预制计划要求。技术人员及项目部主要负责人应根据预制计划单中预制任务的紧急情况对模板数量、钢筋加工强度及预制顺序进行安排;及时熟悉施工图纸,了解使用单位的预制意图,了解预制构件的钢筋、模板的尺寸和形式,了解商品混凝土浇筑工程量及基本的浇筑方式,以求在施工中达到优质、高效及经济的目的。

②人员配置。预制构件品种多样,结构不一,人员配置应根据施工人员的工作量及施工水平进行合理安排。针对施工技术要求、预制构件任务紧急情况以及施工人员任务急缓程

度,适当调配施工人员参与钢筋、模板以及商品混凝土浇筑。

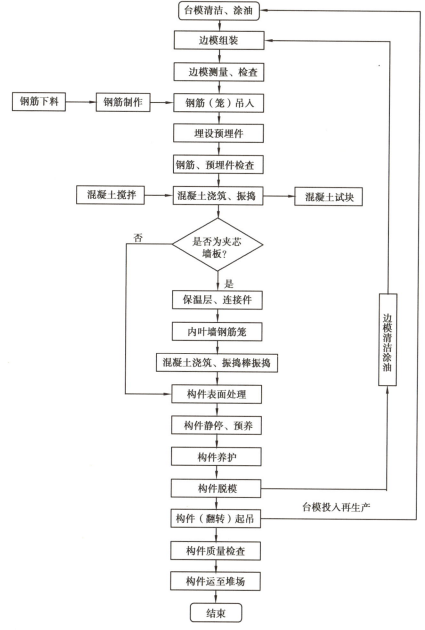

图4.57 预制构件生产过程流程图

③模板设计。预制构件的模板设计直接影响预制构件的外观质量。针对预制构件的种类和要求,主要制作有定型模、活动模、预留孔模板等,使用材料根据预制构件尺寸类型、数量情况可使用钢模板、胶合板、槽钢、角钢、方钢管等材料,以便用于周转,达到节约材料、减少人工的目的。

由于预制构件类型多样,结构多变,数量不一,致使模板通用性、互换性差。为减少模板投入量,将结构一致,尺寸不一的预制构件划分为若干流水段,按照每一流水段模板的材料可重复利用原则,将预制构件按从大件至小件的顺序进行施工,使模板的公用部分可周转使用。

④施工场地的平整与布置。为达到预制构件使用条件、实现运输方便、统一归类以及不影响预制构件生产的连续性等要求,场地的平整及预制构件场地布置规划尤为重要。生产车间高度应充分考虑生产预制构件高度、模具高度及起吊设备升限、构件质量等因素,避免出现预制构件生产过程中发生设备超载、构件超高不能正常吊运等问题。

此外,预制构件生产前,应编制构件设计制作图和构件生产方案,并根据生产工艺要求,确定模具设计和加工方案。

①构件设计制作图应包括:单个预制构件模板图、配筋图;预埋吊件及其连接件构造图;保温、密封和饰面等细部构造图;系统构件拼装图;全装修、机电设备综合图。

②构件生产方案应包括生产计划及生产工艺、模具计划及组装方案、技术质量控制措施、物流管理计划、成品保护措施。

③模具设计应包括:满足混凝土浇筑、振捣、脱模、翻转、养护、起吊时的强度、刚度和稳定性要求,并便于清理和涂刷脱模剂;预埋管线、预留孔洞、插筋、吊件、固定件等,满足安装和使用功能要求;模具应采用移动式或固定式钢底模,侧模宜采用型钢或铝合金型材,也可根据具体要求采用其他材料。

### 2) 模具模台清理

作业内容:

①清理内、外框模具,用铁铲铲除表面的混凝土渣,露出模具底色,注意清理干净模具端头。

②清理固定夹具、橡胶块、剪力键等夹具表面直至干净无混凝土渣,注意定位端孔等难清理的地方。

③用铁铲铲除黏结在台车面上的混凝土渣,重点注意模具布置区和固定螺栓干净无遗漏。

模台模具清理如图4.58所示。

注意事项:

①清理模具时注意保护模具,防止模具变形脱落。

②如果发现模具变形量超过3 mm,需进行校正,无法校正的变形模具应及时更换。

③将清理干净的模具分组分类,整齐码放,保证现场的清洁及安全。

图4.58　模台模具清理

### 3）模具组装、涂脱模剂

**（1）模具要求**

模具一般采用钢模具，循环使用次数可达上千次。对异形且周转次数较少的预制构件，可采用木模具、高强塑料模具。模具应满足以下要求：

①具有足够的承载力、刚度和稳定性，保证构件在生产时能可靠承受浇筑混凝土的重量、侧压力及工作荷载。

②支、拆方便，且应便于钢筋安装和混凝土浇筑、养护。

③模具的部件与部件之间应连接牢固，预制构件上的预埋件应有可靠固定措施。

模具组装应按照组装顺序进行，对于特殊构件，钢筋应先入模后组装。组装前，模板接触面平整度、板面弯曲、拼装缝隙、几何尺寸等应满足相关设计要求。组装应连接牢固、缝隙严密。组装完成后，模具的尺寸允许偏差及检验方法应符合规定。模具组装如图4.59所示。考虑到模具在混凝土浇筑振捣过程中会有一定程度的胀模现象，因此，模具净尺寸宜比构件尺寸缩小1~2 mm。

图4.59　模具组装

**（2）作业内容**

①作业前检查台车面表面干净，定位螺栓位置准确。

②活动挡边放置区涂水性脱模剂，校准模具位置，安装压铁进行紧固。

③窗角模具四角放置橡胶块，保证橡胶块与横竖模具齐平。

④在台车面喷涂脱模剂（图4.60），应涂抹均匀、无积液。

图4.60　涂脱模剂

**（3）注意事项**

①模具放置区涂抹脱模剂的长度大于等于模具长度，宽度比模具宽度至少大50 mm。

②模具安装时再次检验模具是否变形,弯曲度保持在 3 mm 以内。

③模具摆放与台车面垂直,所有压铁需要进行二次压紧。

④与构件接触面涂水性脱模剂,墙板水油比为3:1。

### 4)钢筋绑扎

钢筋骨架、钢筋网必须严格按照构件加工图及下料单要求制作。首件钢筋制作,必须通知技术、质检及相关部门检查验收,制作过程中应当定期、定量检查,对于不符合设计要求及超过允许偏差的一律不得使用,按废料处理。

(1)作业内容

①按照图纸的要求进行领料、备料,保证钢筋规格正确,无严重锈蚀。

②裁剪钢筋网片,按置筋图裁剪、拼接网片,门窗钢筋保护层厚度满足要求,如图 4.61 所示。

③墙板及门窗四周的加强筋与网片绑扎,窗角布置抗裂钢筋。

④拼接的网片需绑扎在一起,抗裂钢筋绑扎在加强筋结合处。

⑤每平方米布置 4 个保护层垫块,保证保护层厚度。

(2)注意事项

①网片与网片搭接需重合 300 mm 以上或一格网格以上。

②所有钢筋必须保证 20 ~ 25 mm 混凝土保护层,任何端头不能接触台车面。

③扎丝绑扎方向一致朝上,加强筋需进行满扎。

④绑扎完清理台车,按图纸检查是否漏扎、错扎。

图 4.61　钢筋布置

### 5)预埋件埋设

预埋件应根据构件加工图埋设,预埋偏差应满足允许偏差要求。涉及机电工程预留预埋的,要求机电专业人员提供深化设计图纸,再由工厂技术人员根据预制构件的拆分情况进行排版,然后反馈给现场机电专业人员,按规范校对审核,最终由工厂技术人员出具加工图进行制造。

①吊钉:将波胶清理干净,然后装入吊钉,并穿入加强筋,在外模企口边、波胶上部放入橡胶块。

②套筒:将两个套筒放在爬架套筒焊接工装中焊成爬架套筒,并将套筒口用胶带密封,将爬架套筒与底面钢筋网扎在一起。

③线盒:领取正确的 86 线盒,将直接头装上,将扎丝穿过定位块底部,紧固定位块,最后

将线盒扣在定位块上,用扎丝紧固。

④波纹管:使用透明胶带密封波纹管,保证不漏浆到波纹管内部,不沾染螺杆和螺纹。

注意事项:

①吊钉必须垂直于边模并做加强处理,与上下网片绑扎在一起,且数目应符合图纸要求,确保无遗漏。

②线盒预埋方向正确、不倾斜、不旋转,且连接牢固。

③定位销轴与套筒的型号和数量应根据图纸进行确认,用卷尺对位置尺寸进行确认;内挡和外挡边模有安装套筒时,对其数量和位置尺寸进行确认;套筒的距离测量要以中心线为准。

吊钉预埋和水电预埋分别如图4.62和图4.63所示。

图4.62　吊钉预埋　　　　　　图4.63　水电预埋

### 6)检验工装、隐蔽工程验收

浇筑构件之前,应检验生产所用的各种工装夹具,并对隐蔽工程进行逐项检验,形成相关检验记录。

检验工装要求:保证各种工装夹具洁净,且按照分类在固定位置放置。

隐蔽工程验收要求:确保预埋件的规格、数量、定位准确无误,偏差均在允许范围内。

### 7)布料浇捣

浇捣前,操作人员首先核对布料的PC件编号,根据编号确定混凝土用量后向搅拌站报料。每日报料3次,第一次报料适当加量10%,而且坍落度要适当放大。

布料依照先远后近、先窄后宽的要求进行。布料时遵循布料原则,布料口与外边模不小于50 mm的距离,以免混凝土外泄,如图4.64所示。布料要做到一次到位,做到饱满均匀。

图4.64　布料　　　　　　图4.65　耙料

布料后,以"混凝土料不堆高、边角处布料到位、模具边混凝土料不外流"为标准进行耙料

（图4.65），并将模具外围泻落的混凝土料铲回模具内。

振动台振动时间一般控制在5～10 s，表面达到平坦无气泡的状态即可。

注意事项：

①混凝土应均匀连续浇筑，投料高度不宜大于500 mm。

②混凝土浇筑时应保证模具、门窗框、预埋件、连接件不发生变形或者移位，如有偏差应采取措施及时纠正。

③混凝土从出机到浇筑的时间（间歇时间）不宜超过40 min。

### 8）布置保温板、拉结件

对于夹芯墙板，浇捣外叶板混凝土后，需铺设保温板，放置拉结件，再进行内叶板的制作。保温板事先按照保温板排版图进行裁切，拉结件按构件加工图确定数量和位置。

### 9）后处理

混凝土浇捣后应进行后处理，内容包括检查清理、墙槽工装放置、抹面、拉毛等。

①检查清理：混凝土浇捣平面必须与边模平高，构件表面不可有露出钢筋；检查预埋件是否有移位和倾斜，将其校正到标准位置；检查表面是否有石子或马凳筋等凸起物件。

②墙槽工装放置：用手将墙槽工装压入混凝土内，用力均匀；同时用抹子抹平挤压凸出的混凝土。若墙槽工装上浮，则上压重物保证压入深度。

③抹面：用抹子将构件表面混凝土抹平，使表面平整、均匀，如图4.66所示。

④拉毛：用塑料扫帚从构件表面一侧边缘开始，按从上到下、从左至右的方向进行细拉毛（图4.67），要求覆盖全表面，不可有遗漏，然后再反向拉毛一次。

注意事项：

①抹面时保证整个构件表面平整均匀，与构件挡边平齐。

②抹面要求光滑、无明显抹子痕迹，平整度±3 mm。

图4.66　抹面　　　　　　　　　　　　　图4.67　拉毛

### 10）养护

混凝土养护可采用覆盖浇水及塑料薄膜覆盖的自然养护、化学保护膜养护和蒸汽养护。梁、柱等体积较大的预制构件，宜采用自然养护；楼板、墙板等较薄的预制构件或冬期生产的预制构件，宜采用蒸汽养护。

构件采用加热养护时，应制定相应的养护制度，预养时间宜为1～3 h，升温速率应为10～

20 ℃/h,降温速率不应大于10 ℃/h。梁、柱等较厚的预制构件的养护温度为40 ℃,楼板、墙板等较薄的构件的养护最高温度为60 ℃,养护时间为8～12 h。

**11)拆模**

养护完成后,将边模以及窗户模具拆除。

①拆内模:用橡胶锤适当敲击内边模,使其与构件松动脱离,再用撬棍撬开,然后清理拆卸后的混凝土渣,如图4.68所示。

②拆套筒、门窗洞堵浆螺杆:用电动扳手按垂直方向逆时针松开堵浆螺杆,并将其放入周转箱内,如图4.69所示;检查套筒螺纹是否堵塞,确保无遗漏。

③拆预埋孔治具、压铁:用电动扳手拧下全丝螺杆,取出盖板,清理后随车流转使用。

④拆上挡边模具:将上边模上的波胶螺栓、垫片取下,再用锤子、铁撬将波胶撬出,如图4.70所示。在拆除上挡边模具、窗洞及门洞挡边模具时,应保证PC件表面棱角及台车不损伤、不变形。拆外模如图4.71所示。

图4.68　拆内模

图4.69　拆套筒螺杆

图4.70　拆波胶

图4.71　拆外模

**12)吊装脱模**

预制构件脱模起吊时的混凝土强度应经过计算确定。当设计无要求时,构件脱模时的混凝土强度不应小于15 MPa。

①脱模前准备:脱模前应用回弹仪测试强度(图4.72),脱模强度应满足设计要求,且不得小于15 MPa;安装吊环及吊爪(图4.73)时,两头起吊的构件选用拉锁吊具,3～4头起吊的构件选用横梁式吊具。

图 4.72　回弹仪测试强度

图 4.73　安装吊环、吊爪

②起吊脱模:翻转台车,吊具顺着翻转的方向上提,大约到85°时停止翻转(图4.74),起吊脱模(图4.75)。整个起吊过程中,要防止吊钉脱落,保证人员和周围物件的安全。

图 4.74　台车翻转至 85°

图 4.75　起吊脱模

### 13)成品检验入库

构件脱模后,应进行表面检测修补,检测内容主要包括检查定位套筒的螺纹是否完整以及构件的棱角是否存在崩角等缺陷。

①表面修补:构件表面的非受力裂缝以及不影响结构性能的裂纹,钢筋、预埋件或连接件锚固的局部破损,可用修补浆料进行表面修补。

②构件贴码存放:将构件起吊到高于存放架高度,并移动到拟放置位置,缓慢吊入。调整插销宽度,再使用铁锤将插销敲紧。构件进入存放架时,要调整构件平衡,不能摇摆。

③构件转运:当线边货架装满时,将线边整体运输架周转至成品库存区域。

# 4.3　装配式混凝土结构吊装与安装

## 4.3.1　预制构件的运输

装配式混凝土预制构件的运输方案分为立式运输方案和平层叠放式运输方案,如图 4.76 所示。

（a）立式运输　　　　　　　　　（b）平层叠放式运输

图 4.76　装配式混凝土预制构件的运输方案

采用立式运输方案时,装车前先安装吊装架,将预制构件放置在吊装架上;然后将预制构件和吊装架采用软隔离固定在一起,保证预制构件在运输过程中不出现损坏。对于内、外墙板和预制外墙模(PCF)板等竖向构件,多采用立式运输方案。

采用平层叠放式运输方案时,将预制构件平放在运输车上,逐件往上叠放在一起进行运输。放置时构件底部设置通长木条,并用紧绳与运输车固定。叠合板、阳台板、楼梯、装饰板等水平构件多采用平层叠放式运输方案。叠合楼板堆码标准 6 层/叠,不影响质量安全可到8 层/叠,堆码时按产品的尺寸大小堆码;预应力板堆码 8 ~ 10 层/叠;叠合梁堆码 2 ~ 3 层/叠(最上层的高度不能超过挡边一层),考虑是否有加强筋向梁下端弯曲。

预制构件的出厂运输应在混凝土强度达到设计强度的 100% 后进行,并制订运输计划及方案,超高、超宽、特殊形状的大型构件的运输和码放应采取专门质量安全保证措施。预制构件的运输车辆宜选用低平板车,且应有可靠的稳定构件措施。为满足构件尺寸和载重的要求,装车运输时应符合下列规定:

①装卸构件时应考虑车体平衡。

②运输时应采取绑扎固定措施,防止构件移动或倾倒。

③运输竖向薄壁构件时应根据需要设置临时支架。

④对构件边角部或与紧固装置接触处的混凝土,宜采用垫衬加以保护。

### 4.3.2　预制构件的现场堆放

预制构件运至施工现场后,由塔吊或汽车吊有序吊至专用堆放场地,堆放时应按吊装顺序交错有序堆放,板与板留出一定间隔。预制构件堆放时必须在构件上加设枕木,场地上的构件应作防倾覆措施,预制构件的码放应预埋吊件向上,标志向外;垫木或垫块在构件下的位置宜与脱模、吊装时的起吊位置一致。

墙板等竖向构件采用竖放,用槽钢制作满足刚度要求的支架,墙板搁支点应设在墙板底部两端处,堆放场地需平整、结实。搁支点可采用柔性材料,堆放好以后要临时固定,场地要做好临时围挡措施。

水平构件采用重叠堆放时,每层构件间的垫木或垫块应在同一垂直线上。堆垛层数应根据构件自身荷载、地坪、垫木或垫块的承载能力及堆垛的稳定性确定。

预制构件的现场堆放如图 4.77 所示。

图 4.77　预制构件的现场堆放

### 4.3.3　施工器具

图 4.78　鸭嘴吊具

①鸭嘴吊具:吊装墙体和楼梯等预制构件的专用吊装工具,是配合预埋的吊钉进行吊装的,如图 4.78 所示。

②插筋定位模具:为保证钢筋预留位置准确,可在浇筑前自制插筋定位模具(图 4.79),确保上一层预制墙体内的套筒与下一层的预留插筋能够顺利对孔。

③靠尺:主要用于测量竖向构件安装的垂直度,如图 4.80 所示。

④起吊架:在吊装预制墙板时,为防止单点起吊引起构件变形,通常采用起吊扁担起吊,如图 4.81(a)所示;为了避免预制楼板吊装时因受力集中而造成叠合板开裂,预制楼板吊装宜采用专用吊架,如图 4.81(b)所示。

图 4.79　插筋定位模具

图 4.80　靠尺

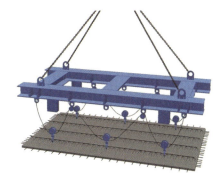

（a）起吊扁担　　　　　　（b）预制楼板起吊架

图 4.81　起吊架

⑤临时斜支撑：用于预制墙板、预制柱的临时固定以及垂直度的调整，一般分长杆和短杆两个部分，如图 4.82 所示。

图 4.82　临时斜支撑

⑥独立支撑：用于叠合楼板安装时的支撑体系，如图 4.83 所示。

图 4.83　独立支撑

### 4.3.4　预制柱的吊装

吊装流程：基层清理→测量放线→构件对位安装→安装临时斜撑→预制柱校正。

技术控制要点：

①基层清理：安装预制柱的结合面需清理干净，基面应干燥。

②测量放线：根据构件定位图，放出楼层控制线，经复查无误后，再根据控制线在楼面上用墨斗弹出预制柱的定位线，并在柱下放置调节垫片精确调整构件标高、垂直度。

③构件对位安装：柱起吊就位时，应缓慢进行，当柱一端提升 500 mm 时，暂停提升，经检

查柱身、绑点、吊钩、吊索等处安全可靠后,再继续提升。柱脚离楼面柱头钢筋上方300~500 mm后,工人辅助将柱脚缓缓就位,并使柱身定位线与楼面定位线对齐。

④安装临时斜支撑:柱吊装到位后及时将斜支撑固定在柱及楼板预埋件上,最少需要在柱子的两面设置斜支撑,然后对柱子的垂直度进行复核,同时通过可调节长度的斜支撑进行垂直度调整,直至垂直度满足要求。

图4.84 预制柱校正

⑤预制柱校正:调整短支撑调节柱位置,调整长支撑调整柱的垂直度,用撬棍拨动预制柱,用铅锤、靠尺校正柱体的位置和垂直度,并可用经纬仪进行检查,如图4.84所示。经检查预制柱水平定位、标高及垂直度调整准确无误并紧固斜向支撑后方可摘钩。

### 4.3.5 预制梁的吊装

吊装流程:测量放线(梁搁柱头边线)→设置梁底支撑→起吊就位安放→微调定位。
技术控制要点:

①测量放线:用水平仪测量并修正柱顶与梁底标高,确保标高一致,在柱上弹出梁边控制线;在柱身弹出结构1 m线,据此调节预埋牛腿板高度。

②设置梁底支撑:预制梁吊装前,在梁位置下方需先架设好支撑架。梁底支撑采用立杆支撑+可调顶托+100 mm×100 mm木方,预制叠合梁的标高通过支撑体系的顶丝来调节。

③起吊就位安放:梁起吊时,用吊索勾住扁担梁的吊环,吊索应有足够的长度以保证吊索和扁担梁之间的角度不小于60°,如图4.85所示。需要注意主梁吊装顺序,同一个支座的梁,梁底标高低的先吊,次梁吊装须待两向主梁吊装完成后才能吊装。待预制楼板吊装完成后,叠合次梁与预制主梁之间的凹槽采用灌浆料填实。

④微调定位:当预制梁初步就位后,两侧借助柱上的梁定位线将梁精确校正。梁的标高通过支撑体系的顶丝来调节,在调平的同时需将下部可调支撑上紧,这时方可松去吊钩。

### 4.3.6 预制剪力墙板的吊装

吊装流程:测量放线→起吊就位安放→安装临时斜撑→墙板校核。

图 4.85　预制梁的吊装

技术控制要点：

①测量放线：根据楼层主控制线，在顶板上施放竖向构件墙身 50 线或 30 线、构件边缘及墙端实线、构件门窗洞口线，并对楼层高程进行复核，在墙底安放高程调节垫片。此时，可采用钢筋定位钢板对套筒钢筋进行相对位置和绝对位置的校核及验收。

②起吊就位安放：预制构件按施工方案吊装顺序预先编号，严格按编号顺序起吊。吊装前安排操作熟练的吊装工人负责墙体的挂钩起吊。挂完钩后，指挥吊车将预制墙体垂直吊离货架 500 mm 高，确保起吊过程中的墙体足够水平方可进行吊装，如图 4.86 所示。竖向构件吊装至操作面上空 4 m 左右位置时，利用缆风绳初步控制构件走向至操作工人可触摸到的构件高度。待预制墙体距离楼层面 1 m 左右时，吊装人员可手扶引导墙体落位，利用反光镜观察钢筋与套筒位置后缓慢下落，直至构件完全落下，同时解除缆风绳，通过手扶或撬棍对预制墙体进行微调。

图 4.86　预制剪力墙板的吊装

③安装临时斜撑：墙体下落至稳定后，便可进行固定斜撑的安装。每块墙板的临时斜撑数量不宜少于 2 道。墙板的上部斜支撑，其支撑点到底部的距离不宜小于高度的 2/3，且不应小于高度的 1/2。

④墙板校核：构件安装就位后，可通过临时斜撑对构件的位置和垂直度进行调整，并通过靠尺或线锤等予以检验复核，确保墙板垂直度能够满足相关规范的要求。另外，通过水平

标高控制线或水平仪对墙板水平标高予以校正,通过测量时放出的墙板位置线、控制轴线校正墙板位置,并利用小型千斤顶对偏差予以微调。

### 4.3.7  预制叠合楼板的吊装

吊装流程:测量放线→设置板底支撑→起吊就位安放→微调定位。

技术控制要点:

①测量放线:在每条吊装完成的梁或墙口上测量并弹出相应预制板四周控制线,并在构件上标明每个构件所属的吊装顺序和编号,便于工人辨认。

②设置板底支撑:预制板吊装前,在板位置下方需先架设好支撑架,架设后调节木方顶面至板底设计标高。第一道支撑需在楼板边附近 0.2 ~ 0.5 m 范围内设置。叠合楼板支撑体系安装应垂直,三角支架应卡牢。支撑最大间距不得超过 1.8 m,当跨度大于 4 m 时应在房间中间位置适当起拱。

图 4.87  预制叠合楼板的吊装

③起吊就位安放:预制叠合板起吊点位置应合理布置,起吊就位垂直平稳,每块楼板需设 4 个起吊点,吊点位置一般位于叠合楼板中格构梁上弦与腹筋交接处或叠合板本身设计有吊环处,具体的吊点位置需设计人员确定,如图 4.87 所示。吊装应按顺序进行,待叠合楼板下落至操作工人可用手接触的高度时,再按照叠合楼板安装位置线进行安装,根据叠合楼板安装位置线校核叠合楼板的板带间距。当一跨板吊装结束后,要根据标高控制线利用独立支撑对板标高及位置进行精确调整。

④微调定位:叠合楼板安装完成后,根据叠合楼板的安装位置线校核叠合楼板的板带间距。利用独立支撑对叠合楼板的板底标高进行调整。

### 4.3.8  预制楼梯的吊装

吊装流程:测量放线→起吊就位安放→微调定位→与现浇部位连接。

技术控制要点:

①测量放线:楼梯周边梁板浇筑完成后,测量并弹出相应楼梯构件端部和侧边的控制线。

②起吊就位安放:楼梯起吊前应进行试吊,检查吊点位置是否准确,吊索受力是否均匀等,试吊高度不应超过 1 m。预制楼梯的吊装如图 4.88 所示。楼梯吊至梁上方 300 ~ 500 mm 后,调整楼梯位置使板边线基本与控制线吻合。

③微调就位:根据已放出的楼梯控制线,用撬棍或其他工具将构件根据控制线精确就位,先保证楼梯两侧准确就位,再使用水平尺和捯链调节水平。

④与现浇部位连接:楼梯吊装完毕后应当立即组织验收,对楼梯外观质量、标高、定位进行检查;验收合格后应及时进行灌浆及嵌缝。通常梯段与结构梁间的缝隙需要进行嵌缝处

图 4.88　预制楼梯的吊装

理时采用挤塑聚苯板填充。梯段上端属于固定铰支,采用 C40 细石混凝土作为灌浆料,用 M10 水泥砂浆封堵收平;梯段下端属于滑动铰支,需将预埋螺栓的螺母固定好,上面再用 M10 水泥砂浆封堵收平。灌浆前需要对基层进行清扫,基层表面不得有杂物,灌浆宜采用分层浇筑的方式,每层厚度不宜大于 100 mm,灌浆过程中需要观察有无浆料渗漏现象,出现渗漏应及时封堵。灌浆完成 30 min 内需要进行保湿或覆膜养护。

### 4.3.9　预制阳台板、空调板的吊装

吊装流程:测量放线→设置板底支撑→起吊就位安放→复核。

技术控制要点:

①测量放线:安装预制阳台板和空调板前测量并弹出相应周边(板、梁、柱)的控制线。

②设置板底支撑:预制阳台板、空调板板底支撑采用钢管脚手架 + 可调顶托 + 木托,吊装前校对支撑高度是否有偏差,并作出相应调整。预制阳台板、空调板等悬挑构件支撑拆除时,除达到混凝土结构设计强度外,还应确保该构件能承受上层阳台通过支撑传递下来的荷载。

③起吊就位安放:预制阳台板、空调板吊装采用四点吊装。在预制阳台板、空调板吊装的过程中,预制构件吊至支撑位置上方 100 mm 处停顿,调整位置,使锚固钢筋与已完成结构预留筋错开,然后进行安装就位,安装时动作要慢,构件边线与控制线闭合。预制阳台板、空调板预留的锚固钢筋应伸入现浇结构内,与现浇结构连成整体。

④复核:预制阳台板、空调板属于悬挑板,其校核方法大致与叠合楼板相同,主要控制其标高和两个水平方向的位置即可满足安装要求。

## 4.4　装配式混凝土结构灌浆与现浇

装配式建筑预制构件从工厂运送到工地时都是分离的构件,需要在工地现场将这些构件有效地连接起来,从而保证建筑的完整性和抗震要求。装配式混凝土结构主要有套筒灌浆连接和浆锚搭接连接、后浇混凝土连接、叠合连接 3 种连接方式。

### 4.4.1 套筒灌浆连接和浆锚搭接连接

预制构件钢筋连接是装配式混凝土结构安全的关键之一,可靠的连接方法才能使预制构件连接成为整体,满足结构安全的要求。为了减少现场混凝土湿作业量,预制构件的连接节点采用预埋在构件内的形式居多。在多层结构装配式混凝土建筑中,预制构件可以采用的钢筋连接方法较多,如约束钢筋浆锚搭接法、波纹管浆锚搭接法、套筒灌浆连接法、预埋钢件干式连接法。大型、高层混凝土结构以及有抗震设防要求的高层建筑采用干式连接无法得到足够牢固的刚性结构,而预埋在构件体内的节点又无法直接连接,因此采用灌浆连接——包括套筒灌浆连接和浆锚搭接连接等方法。灌浆连接是装配式混凝土该类型结构中受力钢筋的主要连接方法。

#### 1)套筒灌浆连接

套筒灌浆连接又称为钢筋套筒灌浆连接,是指在预制混凝土构件中预埋的金属套筒中插入钢筋并灌注水泥基灌浆料的钢筋连接方式。该工艺适用于剪力墙、框架柱、框架梁纵筋的连接,是装配整体结构的关键技术。

该工艺通过水泥基灌浆料的传力作用将钢筋对接连接所用的金属套筒。套筒通常采用铸造工艺或机械加工艺制造,简称灌浆套筒,包括全灌浆套筒和半灌浆套筒两种形式,如图4.89所示。前者两端钢筋均采用灌浆方式连接;后者一端钢筋采用灌浆方式连接,另一端钢筋采用非灌浆方式连接(通常采用螺纹连接)。灌浆料是按规定比例加水搅拌后,具有规定流动性、早强、高强及硬化后微膨胀等性能的浆体。

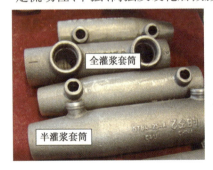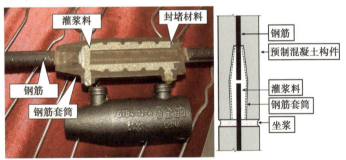

图4.89 灌浆套筒

钢筋套筒灌浆连接接头的抗拉强度应不小于连接钢筋抗拉强度标准值,且破坏时应断于接头外钢筋。当装配式混凝土结构采用符合本规程规定的套筒灌浆连接接头时,全部构件纵向受力钢筋可在同一截面上连接。

采用套筒灌浆连接的混凝土构件,接头连接钢筋的直径规格应不大于灌浆套筒规定的连接钢筋直径规格,且不宜小于灌浆套筒规定的连接钢筋直径规格一级以上。

钢筋套筒灌浆连接施工工艺流程包括塞缝、封堵下排灌浆孔、拌制灌浆料、浆料检测、注浆、封堵上排出浆孔、试块留置。

①塞缝:预制墙板校正完成后,使用坐浆料将墙板其他三面(外侧已贴橡塑棉条)与楼面间的缝隙填嵌密实。

②封堵下排灌浆孔:除插灌浆嘴的灌浆孔外,其他灌浆孔使用橡皮塞封堵密实。

③拌制灌浆料:按照水灰比要求,加入适量的灌浆料、水,使用搅拌器搅拌均匀。搅拌完

成后应静置 3～5 min,待气泡排出后方可进行施工。

④浆料检测:检测拌和后的浆液流动度,左手按住流动性测量模,用水勺舀0.5 L调配好的灌浆料倒入测量模中,倒满模子为止,缓慢提起模子,约0.5 min后,若测量出灌浆平摊后最大直径为280～320 mm,则流动性合格。每个工作班组进行一次测试。

⑤注浆:将拌和好后的浆液倒入灌浆泵,启动灌浆泵,待灌浆泵嘴流出浆液成线状时,将灌浆嘴插入预制墙板灌浆孔内,开始注浆。

⑥封堵上排出浆孔:间隔一段时间后,上排出浆孔会逐个漏出浆液,待浆液成线状流出时,通知监理人员进行检查,合格后使用橡皮塞封堵出浆孔。出浆孔封堵后要求与原墙面平整,并应及时清理墙面上的余浆。

⑦试块留置:每个施工段留置一组灌浆料试块(将调配好的灌浆料倒入三联试模中,用于制作试块,并与灌浆相同条件养护)。

相关灌浆施工机具如图4.90所示。

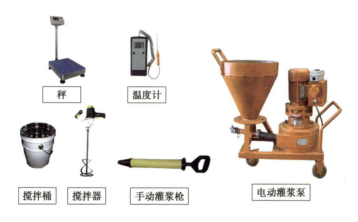

秤　　温度计

搅拌桶　搅拌器　　手动灌浆枪　　　电动灌浆泵

图4.90　灌浆施工机具

### 2)浆锚搭接连接

钢筋浆锚搭接连接是指在预制混凝土构件中采用特殊工艺制成的孔道中插入需搭接的钢筋,并灌注水泥基灌浆料而实现的钢筋搭接连接方式。浆锚搭接连接是一种将需搭接的钢筋拉开一定距离的搭接方式,也被称为间接搭接或间接锚固。

目前主要采用的是在预制构件中有螺旋箍筋约束的孔道中搭接的技术,称为钢筋约束浆锚搭接连接。另外,当前比较成熟的工艺还有金属波纹管浆锚搭接连接技术。两种连接技术如图4.91所示。

钢筋套筒灌浆连接及浆锚搭接连接接头的预留钢筋应采用专用模具进行定位,并应符合下列规定:

①定位钢筋中心位置存在细微偏差时,宜采用钢套管方式进行微调。

②定位钢筋中心位置存在严重偏差影响预制构件安装时,应按设计单位确认的技术方案处理。

③应采用可靠的固定措施控制连接钢筋的外露长度,以满足设计要求。

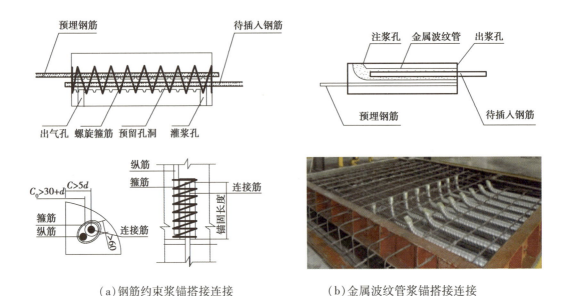

（a）钢筋约束浆锚搭接连接　　　　　　（b）金属波纹管浆锚搭接连接

图4.91　浆锚搭接连接示意图

## 4.4.2　后浇混凝土连接

后浇混凝土连接是装配式混凝土结构中非常重要的连接方式,基本上所有的装配式混凝土结构建筑都会有后浇混凝土。在预制构件结合处留出后浇区,构件吊装安放完毕后现场浇筑混凝土进行连接,如图4.92所示。

图4.92　边缘附近需后浇混凝土示意图

后浇混凝土钢筋连接是后浇混凝土连接节点中最重要的环节。后浇混凝土钢筋连接方式可采用现浇结构钢筋的连接方式,主要包括机械螺纹套筒连接、钢筋搭接、钢筋焊接等。

为了提高混凝土抗剪能力,预制混凝土构件与后浇混凝土、灌浆料、坐浆材料的结合面应设置为粗糙面或键槽,并应符合下列规定:

①预制板与后浇混凝土叠合层之间的结合面应设置粗糙面。

②预制梁端面应设置键槽且宜设置粗糙面。键槽的尺寸和数量应按规定计算确定;键槽的深度不宜小于30 mm,宽度不宜小于深度的3倍且不宜大于深度的10倍;键槽可贯通

截面,当不贯通时槽口距离截面边缘不宜小于 50 mm;键槽间距宜等于键槽宽度;键槽端部斜面倾角不宜大于 30°。

③预制剪力墙的顶部和底部与后浇混凝土的结合面应设置粗糙面;侧面与后浇混凝土的结合面应设置粗糙面,也可设置键槽;键槽深度不宜小于 20 mm,宽度不宜小于深度的 3 倍且不宜大于深度的 10 倍,键槽间距宜等于键槽宽度,键槽端部斜面倾角不宜大于 30°。

④预制柱的底部应设置键槽且宜设置粗糙面,键槽应均匀布置,键槽深度不宜小于 30 mm,键槽端部斜面倾角不宜大于 30°,柱顶应设置粗糙面。

⑤粗糙面的面积不宜小于结合面的 80%,预制板的粗糙面凹凸深度不应小于 4 mm,预制梁端、预制柱端、预制墙端的粗糙面凹凸深度不应小于 6 mm。

常见粗糙面处理方法包括留槽、露骨料、拉毛、凿毛。具体成型效果如图 4.93 所示。

（a）留槽

（b）露骨料

（c）拉毛

（d）凿毛

图 4.93　粗糙面处理方法

### 4.4.3　叠合连接

叠合连接是预制板(梁)与现浇混凝土叠合的连接方式。叠合构件包括楼板、梁和悬挑板等。叠合构件下层为预制构件,上层为现浇层,如图 4.94 所示。

叠合板设计应满足以下要求:

①叠合板的预制板厚度不宜小于 60 mm,后浇混凝土叠合层厚度不应小于 60 mm;

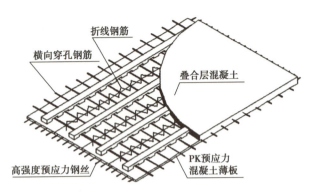
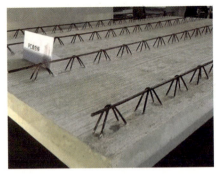

图 4.94　叠合板

②跨度大于 3 m 的叠合板,宜采用桁架钢筋混凝土叠合板;

③跨度大于 6 m 的叠合板,宜采用预应力混凝土预制板。

叠合板后浇层最小厚度的规定考虑了楼板整体性要求以及管线预埋、面筋铺设、施工误差等因素。预制板最小厚度的规定考虑了脱模、吊装、运输、施工等因素。设置桁架钢筋或板肋等,增加了预制板刚度时,可以考虑将其厚度适当减小。

当板跨度较大时,为了增加预制板的整体刚度和水平界面抗剪性能,可在预制板内设置桁架钢筋。钢筋桁架的下弦钢筋可视情况作为楼板下部的受力钢筋使用。

叠合板安装流程包括安装准备、测量放线、支撑体系支设、叠合板板缝模板支设、板边角模支设、叠合板吊装就位、机电管线铺设、叠合板上部钢筋绑扎、混凝土浇筑、质量标准。

(1)安装准备

①根据施工图纸,检查叠合板构件类型,确定安装位置,并对叠合板吊装顺序进行编号。

②施工现场将对吊装叠合板外伸钢筋有影响的暗柱箍筋、水平梯子筋、水平定位筋及梁上铁全部取出,待叠合板吊装就位后再恢复原状。

(2)测量放线

①按照叠合板独立支撑体系布置图在楼板上放出独立支撑点位图。

②按照装配式结构深化图纸在墙体上弹出叠合板边线和中心线,并在剪力墙面上弹出 1 m 水平线,墙顶弹出板安放位置线,并做出明显标志,以控制叠合板安装标高和平面位置,同时对控制线进行复核。

(3)支撑体系支设

①叠合板下支撑系统由铝合金工字梁、托座、装配式住宅独立钢支柱和稳定三脚架组成。

②独立钢支撑、工字梁、托架分别按照平面布置方案放置,调到设计标高后拉小白线并用水平尺配合调平,放置主龙骨。工字梁采用可调节木梁 U 形托座进行安装就位。

③根据叠合楼板规格,板下设置相应个数的支承点,间距以支撑体系布置图为准。安装楼板前调整支撑标高至设计标高。

(4)叠合板板缝模板支设

①叠合板之间设有后浇带形式的接缝,宽度一般为 300 mm;板缝模板采用木胶合板,模板长度不大于 1.5 m,保证工人搬运、安装方便。

②为防止板缝露浆,在模板表面板缝范围内设 3 mm 厚三合板衬板。

③模板支撑体系采用单排碗扣架,用钢管连接成整体。

(5)板边角模支设

角模采用12 mm木胶合板,背楞采用50 mm×100 mm方木,用14#通丝螺杆对拉固定。

(6)叠合板吊装就位

①叠合板起吊时,要减小在非预应力方向因自重产生的弯矩,吊装时为便于板就位,采用3 m麻绳作牵引绳。

②吊装时吊点位置以深化设计图或进场预制构件标记的吊点位置为准,不得随意改变吊点位置;吊点数量:长、宽均小于4 m的预制叠合板为4个吊点,吊点位于叠合板4个角部;尺寸大于4 m的叠合板为6~8个吊点,吊点对称分布,确保构件吊装时受力均匀、吊装平稳。

③起吊时要先试吊,先吊起距地50 cm停止,检查钢丝绳、吊钩的受力情况,使叠合板保持水平,然后吊至作业层上空。起吊时吊索水平夹角不小于60°,叠合板构件钢丝绳长度不小于3 m。

④就位时叠合板要从上垂直向下安装,在作业层上空30 cm处稍作停顿,施工人员手扶楼板调整方向,将板的边线与墙上的安放位置线对准,注意避免叠合板上的预留钢筋与墙体钢筋碰撞,放下时要稳停慢放,严禁快速猛放,以避免冲击力过大造成板面震折裂缝。5级风以上时应停止吊装。

⑤调整板位置时,要垫小木块,不要直接使用撬棍,以避免损坏板边角;要保证搁置长度,其允许偏差不大于5 mm。撬棍端部用棉布包裹,以免对叠合板造成损坏。

⑥叠合板安装完后进行标高校核,调节板下的可调支撑。

(7)机电管线铺设

叠合板部位的机电线盒和管线根据深化设计图要求,布设机电管线。水电预埋工与钢筋工属于两个班组,一般与板上钢筋绑扎同步进行。

(8)叠合板上部钢筋绑扎

待机电管线铺设完毕清理干净后,根据叠合板上方钢筋间距控制线进行钢筋绑扎,保证钢筋搭接和间距符合设计要求。同时利用叠合板桁架钢筋作为上铁钢筋的马凳,确保上铁钢筋的保护层厚度。

(9)混凝土浇筑

①对叠合板面进行认真清扫,并在混凝土浇筑前进行湿润处理。

②叠合板混凝土浇筑时,为了保证叠合板及支撑受力均匀,混凝土浇筑采取从中间向两边浇筑,连续施工,一次完成;同时使用振动棒振捣,确保混凝土振捣密实。

③根据楼板标高控制线,控制板厚;浇筑时采用2 m刮杠将混凝土刮平,随即进行混凝土收面及收面后拉毛处理。

④混凝土浇筑完毕后立即进行预制装配式养护,养护时间不得少于7 d。

(10)质量标准

①叠合板安装完毕后,构件安装尺寸允许偏差应符合规范要求。

②检查数量:按楼层、施工段划分检验批;在同一检验批内,应全数检查。

叠合板施工的部分流程如图4.95所示。

(a)叠合板吊装

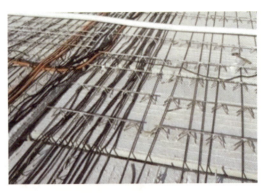

(b)机电管线铺设

(c)叠合板上部钢筋绑扎

(d)混凝土浇筑

图4.95　叠合板施工

# 4.5　装配式混凝土结构施工质量控制

预制构件是装配式混凝土建筑的主要构件,在生产过程中,混凝土配合比、水泥质量、砂石料规格、施工工艺、蒸养工序、过程控制、运输方式等因素的影响,导致预制构件成型后产生各种各样的质量通病。本小节主要阐述装配式混凝土结构常见的质量通病及其控制措施,同时参考相关地方标准简单阐述装配式混凝土结构验收中应注意的事项。

## 4.5.1　装配式混凝土结构常见质量通病与控制

### 1)蜂窝

"蜂窝"是指混凝土结构局部出现疏松现象,砂浆少、石子多,气泡或石子之间形成类似蜂窝状的窟窿,如图4.96所示。

图 4.96  蜂窝

产生"蜂窝"现象的原因：

①混凝土配合比不当或砂、石、水泥、水计量不准,造成砂浆少、石子多;砂石级配不好,导致砂子少、石子多。

②混凝土搅拌时间不够,搅拌不均匀,和易性差。

③模具缝隙未堵严,造成浇筑振捣时漏浆。

④一次性浇筑混凝土或分层不清。

⑤混凝土振捣时间短,混凝土不密实。

预控措施：

①严格控制混凝土配合比,做到计量准确、混凝土拌和均匀、坍落度适合。

②控制混凝土搅拌时间,最短不得少于规范规定的时间。

③模具拼缝严密。

④混凝土浇筑应分层下料(预制构件端面高度大于 300 mm 时,应分层浇筑,每层混凝土浇筑高度不得超过 300 mm),分层振捣,直至气泡排除为止。

⑤混凝土浇筑过程中应随时检查模具有无漏浆、变形,若有,应及时采取补救措施。

⑥振捣设备应根据不同的混凝土品种、工作性能和预制构件的规格形状等因素确定,振捣前应制订合理的振捣成型操作规程。

### 2)烂根

"烂根"是指预制构件浇筑时,混凝土浆顺模具缝隙从模具底部流出或模具边角位置脱模剂堆积等原因,导致底部混凝土面出现的质量问题,如图 4.97 所示。

图 4.97  烂根

产生"烂根"现象的原因：

①模具拼接缝隙较大、模具固定螺栓或拉杆未拧紧。

②模具底部封堵材料的材质不理想或封堵不到位造成密封不严,引起混凝土漏浆。

③混凝土离析。

④脱模剂涂刷不均匀。

预控措施:

①模具拼缝严密。

②模具侧模与侧模间、侧模与底模间应张贴密封条,保证缝隙不漏浆;密封条材质应满足生产要求。

③优化混凝土配合比。浇筑过程中注意振捣方法、振捣时间,避免过度振捣。

④脱模剂应涂刷均匀,无漏刷、堆积现象。

### 3)露筋

露筋是指混凝土内部钢筋裸露在构件表面,如图4.98所示。

图4.98 露筋

产生露筋现象的原因:

①在浇筑混凝土时,钢筋保护层垫块移位、垫块太少或漏放,致使钢筋紧贴模具而外露。

②结构构件截面小,钢筋过密,石子卡在钢筋上,使水泥砂浆不能充满钢筋周围,造成露筋。

③混凝土配合比不当,产生离析,靠模具部位缺浆或模具漏浆。

④混凝土保护层太小、保护层处混凝土漏振或振捣不实,振捣棒撞击钢筋或踩踏钢筋导致钢筋移位,从而造成露筋。

⑤脱模过早,拆模时缺棱、掉角,导致露筋。

预控措施:

①钢筋保护层垫块厚度、位置应准确,垫足垫块并固定好,加强检查。

②钢筋稠密区域,按规定选择适当的石子粒径,最大粒径不得超过结构截面最小尺寸的1/3。

③保证混凝土配合比准确和混凝土良好的和易性。

④模板应认真填堵缝隙。

⑤混凝土振捣严禁撞击钢筋,操作时避免踩踏钢筋,如有踩弯或脱扣等应及时调整。

⑥正确掌握脱模时间,防止过早拆模而碰坏棱角。

### 4)色差

混凝土在施工及养护过程中存在不足,造成构件表面色差过大,影响构件外观质量,如

图4.99所示。尤其是清水构件,因其直接采用混凝土的自然色作为饰面,混凝土表面质量直接影响构件的整体外观质量。

图4.99 色差

产生色差现象的原因:

①搅拌时间不足,水泥与砂石料拌和不均匀,造成色差影响。

②在施工中,由于使用工具不当(如振动棒接触模板振捣,会在混凝土构件表面形成振动棒印)而影响构件外观效果。

③由于混凝土振捣不当造成混凝土离析出现水线状,形成类似裂缝状,从而影响外观。

④混凝土的不均匀性或浇筑过程中出现较长时间的间断,造成混凝土接槎位置形成青白颜色的色差、不均性。

⑤模板表面不光洁,未将模板清理干净。

⑥模板漏浆。在混凝土浇筑过程中,在密封不严的部位出现漏浆、漏水,造成水泥的流失,或在混凝土养护过程中水分蒸发,形成麻面、翻砂。

⑦脱模剂涂刷不均匀。

⑧养护不稳定。混凝土浇筑完成后进入养护阶段,由于养护时各部分湿度、温度等差异太大,造成混凝土凝固不同步,而产生接槎色差。

⑨局部缺陷修复。

预控措施:

①模板控制。对钢模板内表面进行刨光处理,保证钢模板内表面的清洁。模板接缝处理要严密(贴密封条等措施),防止漏浆。模板脱模剂应涂刷均匀,防止模板粘皮和脱模剂不均色差。

②混凝土的配合比控制。严格控制混凝土配合比,经常检查,做到计量准确,保证拌和时间,混凝土拌和均匀,坍落度适宜。检查砂率是否满足要求。

③严格控制混凝土的坍落度,保持浇筑过程中坍落度一致。

④原材料的控制。对首批进场的原材料经取样复试合格后,应立即进行"封样",以后进场的每批材料均与"封样"进行对比,发现有明显色差的不得使用。在清水混凝土生产过程中,一定要严格按试验确定的配合比投料,不得带任何随意性,并严格控制水灰比和搅拌时间,随气候变化随时抽验砂子、碎石的含水率,及时调整用水量。

⑤施工工艺控制：

a.浇筑过程连续，因特殊原因需要暂停的，停滞时间不能超过混凝土的初凝期。

b.控制下料的高度和厚度，一次下料不能超过30 cm，严防因下料太厚导致的振捣不充分。

c.严格控制振捣时间和质量，振捣距离不能超过振捣半径的1.5倍，防止漏振和过振。振捣棒插入下一层混凝土的深度应保证在5~10 cm，振捣时间以混凝土翻浆不再下沉和表面无气泡泛起为止。

d.严格控制混凝土的入模温度和模板温度，防止因温度过高导致贴模的混凝土提前凝固。

e.严格控制混合料的搅拌时间。

⑥养护控制(蒸汽养护)。构件浇筑成型后覆盖进行蒸汽养护，蒸养流程：静停(1~2 h)—升温(2 h)—恒温(4 h)—降温(2 h)，根据天气状况可作适当调整。

a.静停1~2 h(根据实际天气温度及坍落度可适当调整)。

b.升温速度控制在15 ℃/h。

c.恒温最高温度控制在60 ℃。

d.降温速度15 ℃/h，当构件的温度与大气温度相差不大于20 ℃时，撤除覆盖。

⑦混凝土表面缺陷修补控制措施。拆模过程中由于混凝土本身含气量过大或者振捣不够，其表面局部会产生一些小的气孔等缺陷，构件在拆模过程中也可能碰撞掉角等。因此，拆模后应立即对表面进行修复，并保证修复用的混凝土与构件强度一致，用的原材料相同，养护条件相同。

**5)钢筋绑扎与钢筋成品吊装、安装问题**

(1)常见问题

①钢筋骨架外形尺寸不准。

②钢筋的间距、排距位置不准，偏差大，受力钢筋混凝土保护层厚度不符合要求，有的偏大，有的紧贴模板，如图4.100所示。

图4.100 钢筋绑扎与钢筋成品吊装、安装问题

③钢筋绑扣松动或漏绑严重。

④箍筋不垂直主筋，间距不匀，绑扎不牢，不贴主筋，箍筋接头位置未错开。

⑤所使用钢筋规格或数量等不符合图纸要求。

⑥钢筋的弯钩朝向不符合要求或未将边缘钢筋钩住。

⑦钢筋骨架吊装时受力不均，倾斜严重，导致入模钢筋骨架变形严重。

⑧悬挑构件绑扎主筋位置错误。

（2）产生问题的原因

①绑扎操作不严格，未按图纸尺寸绑扎。

②用于绑扎的铁丝太硬或粗细不适当，绑扣形式为同一方向，或将钢筋骨架吊装至模板内的过程中骨架变形。

③事先没有考虑好施工顺序，忽略了预埋件安装顺序，致使预埋铁件等无法安装，加之操作工人野蛮施工，导致发生骨架变形、间距不相等等问题。

④生产人员随意踩踏、敲击已绑扎成型的钢筋骨架，使绑扎点松弛，纵筋偏位。

⑤操作人员交底不认真或素质低，操作时无责任心，造成操作错误。

（3）预控措施

①钢筋绑扎前先认真熟悉图纸，检查配料表与图纸及设计是否有出入，仔细检查成品尺寸是否与下料表相符。核对无误后方可进行绑扎。

②钢筋绑扎前，尤其是对悬挑构件，技术人员要对操作人员进行专门交底，对第一个构件做出样板，进行样板交底。绑扎时严格按设计要求安放主筋位置，确保上层负弯矩钢筋的位置和外露长度符合图纸要求，架好马凳，保持其高度，在浇筑混凝土时应采取措施，防止上层钢筋被踩踏，影响其受力。

③保护层垫块厚度应准确，垫块间距应适宜，否则会导致较薄构件板底面出现裂缝，楼梯底模（立式生产）露筋。

④钢筋绑扎时，两根钢筋的相交点必须全部绑扎牢固，防止缺扣、松扣。对于双层钢筋，两层钢筋之间须加钢筋马凳，以确保上部钢筋的位置。绑扎时铁丝应绑成八字形。钢筋弯钩方向不对的，应将弯钩方向不对的钢筋拆掉，调准方向，重新绑牢，切忌不拆掉钢筋而硬将其拧转。

⑤构件上的预埋件、预留洞及 PVC 线管等在生产中应及时安装（制订相应的生产工序），不得任意切断、移动、踩踏钢筋。有双层钢筋的，尽可能在上层钢筋绑扎前将有关预埋件布置好，绑扎钢筋时禁止碰动预埋件、洞口模板及电线盒等。

⑥钢筋骨架即将入模时，应力求平稳。钢筋骨架用"扁担"起吊，吊点应根据骨架外形预先确定，骨架各钢筋交点要绑扎牢固，必要时焊接牢固。

⑦加强对操作人员的管理，禁止野蛮施工。

### 6）预制构件预埋件问题

这类问题具体是指预制构件中的线盒、线管、吊点、预埋铁件等预埋件中心线位置、埋设高度等超过规范允许偏差值，如图 4.101 所示。预埋件问题在构件生产中发生频次较高，造成返工修补，影响生产进度，更严重的会影响工程后期施工及使用。

存在的问题：

①线盒、预埋铁件、吊母、吊环、防腐木砖等中心线位置超过规范允许偏差值。

②外购或自制预埋件质量不符合图纸及规范要求。

③预埋件规格使用错误，安装数量不符合图纸要求。

④预埋件未做镀锌处理或未涂刷防锈漆。

⑤墙板灌浆套筒规格使用错误，导致构件重新生产。

图 4.101 预制构件预埋件问题

⑥预埋件埋设高度超差严重,影响工程后期安装及使用。成品检查验收中经常出现预埋线盒上浮、内陷问题。

⑦墙板未预留斜支撑固定吊母,导致安装时直接在预制墙板上打孔用膨胀螺栓固定。

⑧浇筑振捣过程中,对套筒、注浆管或者是预埋线盒、线管造成堵塞、脱落。

以上问题轻则影响外观和构件安装,重则影响结构受力。其产生的原因:

①外购预埋件或自制预埋件未经验收合格便直接使用。

②模具制作时遗漏预埋件定位孔、定位孔中心线位置偏移超差或预埋件定位模具高度超差。定位工装使用一定次数后出现变形,导致线盒内陷(上浮)等质量通病。

③在构件生产过程,生产人员及专检人员未对照设计图纸检查,导致预埋件规格使用错误、数量缺失、埋设高度超差或中心线位置偏移超差等问题发生。

④操作工人生产时不够细致,预埋件没有固定好。

⑤混凝土浇筑过程中预埋件被振捣棒碰撞。

⑥抹面时没有认真采取纠正措施。

预控措施:

①预埋件应按设计材质、大小、形状制作,外购预埋件或自制预埋件必须经专检人员验收合格后方可使用。

②预制构件制作模具应满足构件预埋件的安装定位要求,其精度应满足技术规范要求。

③混凝土浇筑前,生产人员及质检人员共同对预埋件规格、位置、数量及安装质量进行仔细检查,验收合格后方可浇筑。检查验收发现位置误差超出要求、数量不符合图纸要求等问题,必须重新施作。

④预埋件安装时,应采取可靠的固定保护措施及封堵措施,确保其不移位、不变形,防止振捣时堵塞及脱落。易移位或混凝土浇筑中有移位趋势的,必须重新加固。如发现预埋件在混凝土浇筑中移位,应停止浇筑,查明原因,妥善处理,并注意一定要在混凝土凝结之前重

新固定好预埋件。

⑤如果遇到预留件与其他线管、钢筋或预埋件等发生冲突时,要及时上报,严禁自行进行移位处理或其他改变设计的行为出现。

⑥解决抹灰面线盒内陷(上浮)质量问题,除了保证工装应牢固固定、保持平面尺寸外,还须定期校正工装变形,及时调整,更为关键的是要在抹面时进行人工检查和调整。而模板面线盒内陷(上浮)质量问题的最好控制办法是在底模上打孔固定,且振捣时避免直接振捣该部位,以防造成上浮、扭偏。

⑦加强过程检验,切实落实"三检"制度。浇筑混凝土过程中避免振动棒直接碰触钢筋、模板、预埋件等。在浇筑混凝土完成后,认真检查每个预埋件的位置,发现问题,及时进行纠正。

### 7)预制构件面层平整不合格问题

这类问题具体是指混凝土表面凹凸不平、拼缝处有错台等,如图4.102所示。

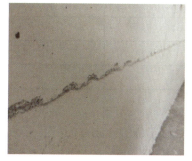

图4.102　预制构件面层平整不合格问题

产生此类问题的原因:

①模板表面不平整,存在明显凹凸现象;模板拼缝位置有错台;模板加固不牢,混凝土浇筑过程中支撑松动胀模造成表面不平整。

②混凝土浇筑后未找平压光,造成表面粗糙不平。

③收面操作人员技能偏低。

预控措施:

①选用表面平整度较好的模板,利用2 m平整度尺对模板进行检查,平整度超过3 mm(视地标及工程要求为准)的,通过校正达到要求后方可使用。

②模具拼装合缝严密、平顺,不漏水、漏浆。

③模板支立完成后,模板缝间的密封条外露部分用小刀割平。

④模板支撑要牢固,适当放慢浇筑速度,减小振动对模板的冲击。

⑤收面操作人员应选择经验丰富的操作人员,人数视生产量而定,避免出现生产量大、人员少的现象。

### 8)预制构件粗糙面问题

这类问题具体是指混凝土预制构件粗糙面粗糙程度或粗糙面积不符合图纸要求,如图4.103所示。

图 4.103　预制构件粗糙面问题

产生此类问题的原因：

①人为原因。操作工人对粗糙面的粗糙度及粗糙面位置认识不清；操作人员责任心不强；采用化学方法时，需做粗糙面的面层未涂刷缓凝剂或构件脱模后未及时对粗糙面处理。

②机械原因。机械未调试合适或机械故障，导致粗糙面拉毛深度不足或出现白板现象。

③技术方面原因。技术交底未明确粗糙面的粗糙度或未交底等原因。

④缓凝剂自身原因。缓凝剂质量较差，无法满足粗糙面要求。

预控措施：

①加强落实三级交底制度（公司级、车间级、班组级），并严格执行交底内容。技术交底内容应具有指导性、针对性、可行性；车间级技术交底内容更应全面，具有指导性、可操作性。

②无论采用机械、化学或人工方式进行粗糙面处理时，构件批量生产前，首先制作样板，粗糙面效果达到要求后方可批量生产。

③缓凝剂应选择市场口碑好、质量效果好的产品。进厂后小批量按照要求进行操作，若质量效果较差应禁止使用。

### 9) 预制构件标识问题

这类问题具体是指混凝土预制构件无标识或标识不全等，如图 4.104 所示。

图 4.104　预制构件标识问题

产生此类问题的原因主要是施工人员责任心不强、意识差。

预控措施：

①预制构件脱模起吊后，及时对构件进行检验，并使用喷码设备在构件上标记标识，标识应清楚、位置统一。检验合格后入成品库区，不合格品进入待修区。

②构件标识应包括生产厂家、工程名称、构件型号、生产日期、装配方向、吊装位置、合格状态、监理等。

### 4.5.2 装配式混凝土结构验收注意事项

预制构件应在混凝土浇筑之前进行隐蔽工程验收，在预制构件出厂前进行成品质量验收。

#### 1)混凝土浇筑之前进行隐蔽工程验收

在混凝土浇筑之前，应按照相关规定和设计要求进行预制构件的隐蔽工程验收，其检查项目包括下列内容：

①钢筋的牌号、规格、数量、位置、间距等；

②纵向受力钢筋的连接方式、接头位置、接头质量、接头面积百分率、搭接长度等；

③箍筋、横向钢筋的牌号、规格、数量、位置、间距，箍筋弯钩的弯折角度及平直段长度；

④预埋件、吊环、插筋的规格、数量、位置等；

⑤灌浆套筒、预留孔洞的规格、数量、位置等；

⑥钢筋的混凝土保护层厚度；

⑦夹心外墙板的保温层位置、厚度，拉结件的规格、数量、位置等；

⑧预埋管线、线盒的规格、数量、位置及固定措施。

检查数量：全数检查验收。

检查方法：观察、尺量等，并把检查结果记录在表4.1中。

在混凝土浇筑之前，应按要求对预制构件的钢筋、预应力筋以及各种预埋部件进行隐蔽工程检查验收。验收记录是证明满足结构性能的关键质量控制证据，如必要时，可留存预制构件生产过程中的照片或影像记录资料，以便日后查证。

**表4.1　预制构件隐蔽工程质量验收表**

构件生产企业(盖章)：　　　　　　　　　构件类型：

构件编号：　　　　　　　　　　　　　　检查日期：

| 分　项 | 检查项目 | 质量要求 | 实　测 | 判　定 |
|---|---|---|---|---|
| 钢筋 | 牌号 | | | |
| | 规格 | | | |
| | 数量 | | | |
| | 位置允许偏差/mm | | | |
| | 间距偏差/mm | | | |
| | 保护层厚度/mm | | | |

续表

| 分　项 | 检查项目 | 质量要求 | 实　测 | 判　定 |
|---|---|---|---|---|
| 纵向受力钢筋 | 连接方式 | | | |
| | 接头位置 | | | |
| | 接头质量 | | | |
| | 接头面积百分数/% | | | |
| | 搭接长度 | | | |
| 箍筋、横向钢筋 | 牌号 | | | |
| | 规格 | | | |
| | 数量 | | | |
| | 间距偏差/mm | | | |
| | 箍筋弯钩的弯折角度 | | | |
| | 箍筋弯钩的平直段长度 | | | |
| 预埋件、吊环、插筋 | 规格 | | | |
| | 数量 | | | |
| | 位置偏差/mm | | | |
| 灌浆套筒、预留孔洞 | 规格 | | | |
| | 数量 | | | |
| | 位置偏差/mm | | | |
| 保温层 | 位置 | | | |
| | 厚度/mm | | | |
| 保温层拉结件 | 规格 | | | |
| | 数量 | | | |
| | 位置偏差/mm | | | |
| 预埋管线、线盒 | 规格 | | | |
| | 数量 | | | |
| | 位置偏差/mm | | | |
| | 固定措施 | | | |

验收意见：

质检员：

年　　月　　日

### 2)预制构件出厂前进行成品质量验收

预制构件出厂前进行成品质量验收,其检查项目包括下列内容:

①预制构件的外观质量;

②预制构件的外形尺寸;

③预制构件的钢筋、连接套筒、预埋件、预留空洞等;

④预制构件出厂前构件的外装饰和门窗框。

预制构件出厂前还需对其外观质量、尺寸偏差等进行全数检查验收。验收标准见表4.2至表4.4。

表4.2 预制构件外观质量判定方法

| 项 目 | 现 象 | 质量要求 | 判定方法 |
|---|---|---|---|
| 露筋 | 钢筋未被混凝土完全包裹而外露 | 受力主筋不应有,其他构造钢筋和箍筋允许少量 | 观察 |
| 蜂窝 | 混凝土表面石子外露 | 受力主筋部位和支撑点位置不应有,其他部位允许少量 | 观察 |
| 孔洞 | 混凝土中孔穴深度和长度超过保护层厚度 | 不应有 | 观察 |
| 夹渣 | 混凝土中夹有杂物且深度超过保护层厚度 | 禁止夹渣 | 观察 |
| 外形缺陷 | 内表面缺棱掉角、表面翘曲、抹面凹凸不平,外表面面砖黏结不牢、位置偏差、面砖嵌缝没有达到横平竖直、转角面砖棱角不直、面砖表面翘曲不平 | 内表面缺陷基本不允许,要求达到预制构件允许偏差;外表面仅允许极少量缺陷,但禁止面砖黏结不牢、位置偏差、面砖翘曲不平不得超过允许值 | 观察 |
| 外表缺陷 | 内表面麻面、起砂、掉皮、污染,外表面面砖污染,窗框保护纸破坏 | 允许少量污染等不影响结构使用功能和结构尺寸的缺陷 | 观察 |
| 连接部位缺陷 | 连接处混凝土缺陷及连接钢筋、连接件松动 | 不应有 | 观察 |
| 破损 | 影响外观 | 影响结构性能的破损不应有,不影响结构性能和使用功能的破损不宜有 | 观察 |
| 裂缝 | 裂缝贯穿保护层到达构件内部 | 影响结构性能的裂缝不应有,不影响结构性能和使用功能的裂缝不宜有 | 观察 |

表4.3　预制构件外形尺寸允许偏差及检验方法

| 名　称 | 项　目 | | 允许偏差/mm | | 检查依据与方法 |
|---|---|---|---|---|---|
| 构件外形尺寸 | 长度 | 柱 | ±5 | | 用钢尺测量 |
| | | 梁 | ±10 | | |
| | | 楼板 | ±5 | | |
| | | 内墙板 | ±5 | | |
| | | 外墙板 | ±3 | | |
| | | 楼梯板 | ±5 | | |
| | 宽度 | | ±5 | | 用钢尺测量 |
| | 厚度 | | ±3 | | 用钢尺测量 |
| | 对角线差值 | 柱 | 5 | | 用钢尺测量 |
| | | 梁 | 5 | | |
| | | 外墙板 | 5 | | |
| | | 楼梯板 | 10 | | |
| | 表面平整度、扭曲、弯曲 | | 5 | | 用2 m靠尺和塞尺检查 |
| | 构件边长翘曲 | 柱、梁、墙板 | 3 | | 调平尺在两端量测 |
| | | 楼板、楼梯 | 5 | | |
| 主筋保护层厚度 | | 柱、梁 | +10，−5 | | 钢尺或保护层厚度测定仪量测 |
| | | 楼板、外墙板楼梯、阳台板 | +5，−3 | | |

注：当采用计数检验时，除有专门要求外，合格点率应达到80%及以上，且不得有严重缺陷，可以评定为合格。

表4.4　构件表面破损和裂缝处理方法

| 项　目 | 现　象 | 处理方案 | 检查依据与方法 |
|---|---|---|---|
| 破损 | ①影响结构性能且不能恢复的破损 | 废弃 | 目测 |
| | ②影响钢筋、连接件、预埋件锚固的破损 | 废弃 | 目测 |
| | ③上述①②以外的，破损长度超过20 mm | 修补1 | 目测、卡尺测量 |
| | ④上述①②以外的，破损长度20 mm以下 | 现场修补 | 目测、卡尺测量 |

| 项　目 | 现　象 | 处理方案 | 检查依据与方法 |
|---|---|---|---|
| 裂缝 | ①影响结构性能且不可恢复的裂缝 | 废弃 | 目测 |
| | ②影响钢筋、连接件、预埋件锚固的裂缝 | 废弃 | 目测 |
| | ③裂缝宽度大于0.3 mm且裂缝长度超过300 mm | 废弃 | 目测、卡尺测量 |
| | ④上述①②③以外的,裂缝宽度超过0.2 mm | 修补2 | 目测、卡尺测量 |
| | ⑤上述①②③以外的,宽度不足0.2 mm且在外表面时 | 修补3 | 目测、卡尺测量 |

注:修补1,是指用不低于混凝土设计强度的专用修补浆料修补;修补2,是指用环氧树脂浆料修补;修补3,是指用专用防水浆料修补。

按照以上要求进行质量检查和处理后,填写预制构件质量验收表(表4.5)。

**表4.5　预制构件质量验收表**

构件生产企业(盖章):　　　　　　　　　　　　构件类型:

构件编号:　　　　　　　　　　　　　　　　　检查日期:

| 分　项 | 检查项目 | | 质量要求 | 实　测 | 判　定 |
|---|---|---|---|---|---|
| 外观质量 | 破损 | | | | |
| | 裂缝 | | | | |
| | 蜂窝、孔洞等外表缺陷 | | | | |
| 构件外形尺寸 | 允许偏差 | 长度/mm | | | |
| | | 宽度/mm | | | |
| | | 厚度/mm | | | |
| | | 对角线差值/mm | | | |
| | | 表面平整度、扭曲、弯曲 | | | |
| | | 构件边长翘曲 | | | |
| 钢筋 | 允许偏差 | 中心线位置 | | | |
| | | 外露长度 | | | |
| | 保护层厚度 | | | | |
| | 主筋状态 | | | | |

续表

| 分 项 | | 检查项目 | 质量要求 | 实 测 | 判 定 |
|---|---|---|---|---|---|
| 连接套筒 | 允许偏差 | 中心线位置 | | | |
| | | 垂直度 | | | |
| | 注入、排出口堵塞 | | | | |
| 预埋件 | 允许偏差 | 中心线位置 | | | |
| | | 平整度 | | | |
| | | 安装垂直度 | | | |
| 预留孔洞 | 允许偏差 | 中心线位置 | | | |
| | | 尺寸 | | | |
| 外装饰 | 图案、分割、色彩、尺寸 | | | | |
| | 破损情况 | | | | |
| 门窗框 | 允许偏差 | 定位 | | | |
| | | 对角线 | | | |
| | | 水平度 | | | |
| 验收意见： | | | | | |
| | | | | 质检员：<br>年　　月　　日 | |

## 本章小结

本章对装配式混凝土结构的结构体系与应用范围、装配式混凝土结构生产、装配式混凝土结构吊装与安装、装配式混凝土结构灌浆与现浇、装配式混凝土结构质量控制进行了全面讲述。学生对装配式混凝土结构生产过程、施工基本方法、施工质量控制在实践过程中的应用要深刻领会并掌握。

## 课后习题

1. 举例说明装配式混凝土结构在哪些工程中有应用。

2. 装配式混凝土结构的结构体系最常见的有哪些？

3. 装配式混凝土结构的结构体系中各种结构的适应高度和跨度分别是多少？

4. 预制混凝土构件种类主要有哪些？

5. 预埋件种类主要有哪些？各有什么用途？

6. 预制构件生产工艺主要有哪些步骤？

7. 装配式混凝土结构吊装与安装时的主要施工器具有哪些？

8. 预制剪力墙板的吊装方法和步骤是什么？

9. 套筒灌浆连接和浆锚搭接的含义是什么?

10. 后浇混凝土连接的含义是什么?

11. 叠合连接的含义是什么?

12. 装配式混凝土结构常见质量通病有哪些? 如何控制?

13. 装配式混凝土结构验收主要有哪些注意事项?

# 参考文献

［1］中华人民共和国住房和城乡建设部. 木结构设计标准:GB 50005—2017［S］. 北京:中国建筑工业出版社,2018.

［2］中华人民共和国住房和城乡建设部. 木结构工程施工质量验收规范:GB 50206—2012［S］. 北京:中国建筑工业出版社,2012.

［3］中华人民共和国住房和城乡建设部. 钢结构工程施工质量验收标准:GB 50205—2020［S］. 北京:中国建筑工业出版社,2020.

［4］中华人民共和国住房和城乡建设部. 混凝土结构工程施工质量验收规范:GB 50204—2015［S］. 北京:中国建筑工业出版社,2015.

［5］陈松来. 填充剪力墙梁柱式木框架混合结构抗侧力［J］. 哈尔滨工业大学学报, 2013,45(4):91-94.